DELIUS KLASING

Börry Lauenstein

PORSCHE TYPENKUNDE

Alle Serienmodelle seit 1950

Delius Klasing Verlag

Außerdem sind in dieser Buchreihe erschienen:
Ford Typenkunde
Opel Typenkunde

Bibliografische Information Der Deutschen Bibliothek
Die Deutsche Bibliothek verzeichnet diese Publikation in der Deutschen Nationalbibliografie; detaillierte bibliografische Daten sind im Internet über »http://dnb.ddb.de« abrufbar.

1. Auflage
ISBN 3-7688-1694-x
ISBN 978-3-7688-1694-6

Abbildungen:
Botzenhardt, Paul: Titel ol und u, Seiten 34, 88u, 90u, 122u, 126
Günther, Dieter: Seiten 120, 28u, 600, 92u
Kurze, Peter: Seiten 26, 125
Dr. Ing. h.c. F. Porsche AG: Titel om und or, Buchrückseite, Seiten 7, 8, 9, 10, 12, 14, 16, 18, 20, 22, 24, 28, 30, 36, 38, 39, 40, 42, 43, 44, 45, 47, 48, 49, 52, 53, 54, 56, 58, 60, 62, 63, 66, 68, 69, 70, 73, 74, 77, 78, 79, 80, 82, 84, 86, 87, 880, 900, 920, 94, 96, 98, 100, 102, 103, 104, 107, 108, 110, 112, 113, 115, 116, 118, 120, 1220, 124, 127, 129, 130, 131, 132, 135, 136,
Schammelt, Gerhard: Seite 32

Layout und Einbandgestaltung: Gabriele Engel
Druck: Kunst-und Werbedruck, Bad Oeynhausen
Printed in Germany 2005

Delius Klasing Verlag, Siekerwall 21, D - 33602 Bielefeld
Tel.: 0521/559-0, Fax: 0521/559-115
E-Mail: info@delius-klasing.de
www.delius-klasing.de

Inhalt

Einleitung

Als jüngste und kleinste, aber auch profitabelste deutsche Automobilfabrik steht Porsche heute weltweit für Sportlichkeit, Unabhängigkeit und Innovation. Anders als bei Ferrari, Lamborghini, Aston Martin und anderen ehemals selbstständigen Marken muss sich in Zuffenhausen niemand etwas aus Turin, Wolfsburg oder Detroit vorschreiben lassen.

Der in Böhmen geborene Ferdinand Porsche hatte bereits im Jahr 1900 für den Wiener Kutschenbauer Lohner seinen ersten Wagen konstruiert – mit Hybridantrieb: Ein Gasmotor trieb einen Generator an, der den Strom für die in den Vorderrädern sitzenden Radnaben-Elektromotoren lieferte.

Bei Austro-Daimler entwickelte Porsche erste Wagen mit Ottomotoren, die auch bei Rennen erfolgreich waren. Während des Ersten Weltkrieges konstruierte

Ferdinand Porsche zeigt seinen Enkeln Ferdinand Alexander (»Butzi«) Porsche (links) und Ferdinand Piëch ein Modell des 356 Nr. 1

Lohner-Porsche von 1900 – Allradantrieb mit 4 Radnaben-Elektromotoren

er wieder elektrisch angetriebene Transportfahrzeuge, wofür er 1917 den Ehrendoktortitel der Universität Wien erhielt. 1922 wurde er bei Austro-Daimler Generaldirektor, und ein Jahr darauf wechselte er in den Vorstand bei Daimler nach Stuttgart. 1929 trennte er sich wieder von der inzwischen zur Daimler-Benz AG fusionierten Firma und wechselte zu Steyer, doch nach deren Fusion mit Austro-Daimler verließ er die Firma 1930 wieder, um sich mit seinem »Konstruktionsbüro für Motoren-, Fahrzeug-, Luftfahrzeug- und Wasserfahrzeugbau« selbstständig zu machen. Nach zwei Kleinwagen-Aufträgen für Zündapp und NSU entschied sich Porsche, einen eigenen Vorschlag zur von Hitler propagierten Motorisierung der Massen (»Volkswagen«) beizutragen – und diese Idee fand Anklang, sodass ein Vertrag mit dem Reichsverband der Automobilindustrie geschlossen wurde. Der KdF-Wagen (»Kraft durch Freude«) sollte ab Oktober 1939 in einem eigens errichteten Werk nahe Fallersleben in Serie gehen.

Aus bekannten Gründen musste Porsche sein ebenfalls bereits 1934 vorgestelltes Projekt eines Kübelwagens (auf Basis des Volkswagens) vorantreiben. Ab 1940 konstruierte er zudem für die Wehrmacht einen Schwimmwagen sowie einen überschweren Panzer, der fast 200 Tonnen wog und den Namen »Maus« erhielt (aber nie in Serie ging).

Neben der Fabrik in »KdF-Stadt« (ab Mai 1945: Wolfsburg) hatten Ferdinand Porsche und sein Schwiegersohn Anton Piëch in Stuttgart-Zuffenhausen ein Konstruktionsbüro aufgebaut. Soweit es die Zeit zuließ, beschäftigte sich Porsche auch während des Krieges mit der Konstruktion von Sportwagen, doch tatsächlich bauen konnte man den ersten erst 1947 – in Österreich, denn nach Gmünd hatte man sich gegen Ende des Krieges zurückgezogen.

Porsche hatte inzwischen hier seinem Sohn Ferry die Verantwortung übertragen. Nach Kriegsende wurden sowohl Vater und Sohn Porsche wie auch Anton Piëch von den Alliierten verhört und interniert, sodass Porsches Tochter Louise Piëch ein Jahr lang die Geschäfte leiten musste. Ferdinand Porsche und Anton Piëch wurden aufgrund der Beschäftigung von Zwangsarbeitern in Wolfsburg bis August 1947 in Frankreich inhaftiert, wovon sich der 72-jährige Porsche nie wieder richtig erholte.

Louise Piëch und Ferry Porsche hatten inzwischen in Salzburg die »Porsche Konstruktionen GmbH« gegründet. Für das italienische Unternehmen Piero Dusio wurde ein avantgardistischer Rennwagen konstruiert,

Der als »Berlin-Rom-Wagen« bekannt gewordene Typ 64 von 1938 weist bereits auf die spätere Porsche-Form hin.

mit dessen Erlös man die Kaution für Porsche und Piëch in Frankreich bezahlen konnte.

Nach dem »Cisitalia«-Rennwagen, der mit seinem 385 PS starken DOHC-Zwölfzylinder mit Kompressor und Allradantrieb Herrn Dusio finanziell ruinierte, arbeitete man bei Porsche zwar noch an einem 100 PS starken Achtzylindermotor für Dusio, doch man erkannte, dass die einzige Möglichkeit, einen eigenen Wagen zu bauen, darin bestand, auf Großserienteile und simple Technik zurückzugreifen; naheliegenderweise kam man auf den inzwischen tatsächlich produzierten Volkswagen aus Wolfsburg. Ab 1950 kehrte die Firma »Dr. Ing. h.c. F. Porsche AG« nach Stuttgart-Zuffenhausen zurück.

1948 entstand (noch in Gmünd) der erste Porsche: ein Einzelstück mit Minimalausstattung und Mittelmotor – doch seine Bezeichnung »356« sollte fast zwanzig Jahre lang (und natürlich darüber hinaus) die Herzen sportlicher Fahrer höher schlagen lassen. Auch nachdem man ab sich 1964 mit dem 911 technisch von VW absetzte, blieb der Kontakt nach Wolfsburg (und deren Tochter in Ingolstadt) bis heute erhalten – ob es um Tantiemen für jeden produzierten Käfer ging, die Motoren für den 914 oder 942 handelt, die gemeinsame Entwicklung und Produktionsstätte für den Porsche Cayenne und den VW Touareg oder den Werdegang des Porsche-Enkels Ferdinand Piëch.

Porsche ist heute einer der wenigen selbstständigen Automobilhersteller, die nicht von einem Großkonzern übernommen worden sind. Unter den exklusiven Sportwagenbauern ist Porsche mit Abstand der Größte. Doch die stark schwankenden Produktionszahlen zeigen, wie schwierig es ist, sich in diesem Segment zu behaupten – hier die Zahlen ausgewählter Jahre:

1966: 13.134	1987: 48.520
1967: 10.941	1988: 25.969
1968: 14.133	1990: 32.162
1971: 11.650	1993: 13.404
1975: 9.461	1995: 20.021
(+ 8.307 VW-Porsche)	1997: ca. 30.000
1979: 36.011	2001: 56.154
1980: 28.600	2003: 81.991

In diesem Buch werden alle von Porsche produzierten Serienfahrzeuge vorgestellt – eine Präsentation aller Einzelstücke, ob Studien, Prototypen oder Rennwagen, würde den Rahmen sprengen.

Die Auflistung der Wagen wird zunächst durch die Lage des Motors und dann chronologisch bestimmt: Begonnen wird mit Heckmotor-Wagen, es folgen diejenigen mit Mittelmotor und schließlich jene mit Frontmotor.

Bodenplatte umd Radaufhängungen des Typ 64 stammen vom VW Käfer

S-UV 333

40 Jahre Porsche 911, 2003

Porsche mit Heckmotoren

Porsche 356 / 2 (1948 bis 1951)

Porsche 356/2 (Gmünd) Coupé, 1948

Beim zweiten Porsche überhaupt (der Erste findet sich bei den Mittelmotor-Modellen) handelte es sich um ein Coupé mit einer auf einem Kastenrahmen aus Stahlblech sitzenden Aluminium-Karosserie, die von Hand gedengelt wurde. Der Motor saß jetzt anders als beim ersten Prototypen wie beim VW Käfer hinter der Hinterachse, sodass Platz für eine Kofferablage (bzw. ab 1953 zwei Notsitze) geschaffen wurden. Bei reichlich Handarbeit und einer Gesamtstückzahl von 52 Fahrzeugen (darunter auch einige Cabrios) kann noch nicht wirklich von einer Serienfertigung gesprochen werden. Radaufhängungen, Lenkung und Motor stammten weiterhin von VW, doch wurde dem Aggregat dank zweier Vergaser eine Mehrleistung von 5 PS eingehaucht – obwohl ab 1949 der Hubraum auf 1086 cm^3 verringert wurde, um die Wagen bei Rennen in der 1100er-Klasse antreten lassen zu können.

Porsche 356/2 (Gmünd) Cabrio, 1948

Porsche 356/2 (1948 bis 1951)

Konkurrenzmodelle: Fiat 1100 S, MG TC

	356/2
Typ	2-Sitzer Coupé oder Cabrio
Motor	OHV, längs hinter der Hinterachse eingebaut, Gebläsekühlung
Motortyp	VW 369
Zylinderzahl	4 Zylinder Boxer
Bohrung x Hub mm	75 x 64 (ab Ende 1949: 73,5 x 64)
Hubraum cm^3	1131 (ab Ende 1949: 1086)
Verdichtung	7,0 : 1
Leistung PS/kW bei U/min	40/29 bei 4000
max. Drehmoment (Nm) bei U/min	69 bei 2600 (ab Ende 1949: 64 bei 3300)
Gemischaufbereitung	2 Fallstromvergaser Solex 26 VFI
Lichtmaschine	Gleichstrom 6 V 130 W
Antrieb	Vierganggetriebe, Knüppelschaltung, Heckantrieb
Fahrwerk	Stahl-Kastenrahmen, Aluminiumkarosserie
Lenkung	Spindel 14,15 : 1
Radaufhängung vorne	Kurbellenker oben und unten, quer liegende Drehstabfedern, hydraulische Stoßdämpfer
Radaufhängung hinten	Pendel-Halbachsen in Schwingenstreben, quer liegende Drehstabfedern, hydraulische Stoßdämpfer
Bremsen	4 Simplex-Trommeln 230 x 30 mm
Räder	3.00 D x 16
Reifen	5.00-16
Abmessungen L x B x H mm	3870 x 1660 x 1300
Radstand mm	2100
Spurweite vorne/hinten mm	1290/1250
Wendekreis m	10,8
Leergewicht kg	680
Zul. Gesamtgewicht kg	880
Tankinhalt l	50
Höchstgeschwindigkeit km/h	140
Beschleunigung 0–100 km/h in sec.	23,5
Verbrauch l/100 km	7 bis 8
Leistungsgewicht kg/PS	17
Sonstiges	
Produktionszeitraum	07/1948 bis 03/1951
Produktionszahlen	52
Vorgängermodell	356-001
Nachfolgemodell	356/1100
Preis in sFr.	Coupé: 14.500, Cabriolet: 16.500

Porsche 356 – 1100/1300 (1950 bis 1954)

Aufgrund der Enge in den Gmünder Hallen und zolltechnischen Problemen mit den aus Wolfsburg kommenden Teilen zog Porsche Anfang 1950 nach Stuttgart-Zuffenhausen um. Bereits Ende 1949 erhielt das Stuttgarter Karosseriewerk Reutter den Auftrag für 500 Karosserien; diese sollten aus Stahl bestehen und mit dem Kastenrahmen verschweißt werden. Die weiterhin geteilte Frontscheibe wurde vergrößert und die Seitenscheiben verkleinert, sodass die Ausstellfenster entfielen. Neben der von Porsche als »Limousine« angebotenen geschlossenen Ausführung wurde auch ein Cabrio angeboten. Ab 1952 wurde die zweiteilige Windschutzscheibe durch eine einteilige ersetzt, die aber weiterhin in der Mitte einen Knick aufwies. Auf dem VW-Rumpfmotor wurden jetzt nicht nur neue Zylinder mit kleineren und höher verdichtenden Kolben, sondern auch neue Zylinderköpfe aus Leichtmetall mit schräg hängenden Auslassventilen aufgesetzt. Der nun 356/1100 getaufte Wagen wurde im Mai 1950 der Öffentlichkeit vorgestellt. Elf Monate später wurde der 356/1300 präsentiert, dessen Kolben in verchromten Aluminium-Zylindern steckten, um enger nebeneinander zu laufen und diesen Hubraum überhaupt erreichen zu können. Nebenbei hatten die neuen Zylinder auch den Vorteil, leichter zu sein und die Wärme besser ableiten zu können.

Porsche 356 Cabrio, 1950

Porsche 356 – 1100/1300 (1950 bis 1954)

Konkurrenzmodelle: MG TC, Alfa Romeo 1900 Sport

	1100	1300
Typ	2-Sitzer Coupé oder Cabrio	
Motor	OHV, längs hinter der Hinterachse eingebaut, Gebläsekühlung	
Motortyp	306	506
Zylinderzahl	4 Zylinder Boxer	
Bohrung x Hub mm	73,5 x 64	80 x 64
Hubraum cm^3	1086	1286
Verdichtung	7,0 : 1	6,5 : 1
Leistung PS/kW bei U/min	40/29 bei 4200	44/32 bei 4200
max. Drehmoment (Nm) bei U/min	70 bei 2800	81 bei 2800
Gemischaufbereitung	2 Fallstromvergaser Solex 32 PBI	
Lichtmaschine	Gleichstrom 6 V 130 W	
Antrieb	Vierganggetriebe (ab 10/1952 synchronisiert), Knüppelschaltung, Heckantrieb	
Fahrwerk	Stahl-Kastenrahmen, Stahlkarosserie	
Lenkung	Spindel 14,15 : 1	
Radaufhängung vorne	Kurbellenker oben und unten, quer liegende Vierkant-Drehstabfedern, hydraulische Stoßdämpfer	
Radaufhängung hinten	Pendel-Halbachsen in Schwingenstreben, quer liegende Rund-Drehstabfedern, hydraulische Stoßdämpfer	
Bremsen	4 Simplex-Trommeln 230 x 30 mm; ab 10/1951 vorne Duplex-Trommeln; ab 09/1952: 280 x 40 mm)	
Räder	3.25 D x 16	
Reifen	5.00-16	
Abmessungen L x B x H mm	3870 (ab 10/1952: 3950) x 1660 x 1300	
Radstand mm	2100	
Spurweite vorne/hinten mm	1290	1250
Wendekreis m	10,8	
Leergewicht kg	Coupé: 770, Cabrio: 800 (ab 09/1953: 820/840)	
Zul. Gesamtgewicht kg	1100 (ab 09/1953: 1200)	
Tankinhalt l	50	
Höchstgeschwindigkeit km/h	140	145
Beschleunigung 0–100 km/h in sec.	24	22
Verbrauch l/100 km	9 bis 10	
Leistungsgewicht kg/PS	19,25	18,4
Sonstiges		
Produktionszeitraum	05/1950 bis 11/1954	
Produktionszahlen	Coupé gesamt: 6252, Cabrio gesamt: 1830	
Vorgängermodell	356/2	
Nachfolgemodell	356 A	
Preise (05/1950) in DM	Beide Typen: Coupé: 10.200; Cabrio: 12.200	

Porsche 356 – 1500 (1951 bis 1955)

Um ein halbes Jahr nach der Einführung des 1300ers den (original weiterhin nur mit 1131 cm^3 erhältlichen) VW-Motor im Hubraum weiter vergrößern zu können, musste Porsche mit einer neuen Kurbelwelle den Hub verlängern, da ein weiteres Aufbohren nicht mehr möglich war. Zunächst wurde eine rollengelagerte Hirth-Welle eingesetzt, die aus mehreren Teilen montiert wurde.

Weil die Welle sehr teuer und Hirth nicht auf eine Massenproduktion vorbereitet war, ging man beim Serienmotor ab September 1952 wieder zu einer geschmiedeten Gleitlagerwelle zurück und verringerte die Leistung etwas; die Hirth-Welle wurde nur noch beim 1500 Super eingesetzt, wo sie in Verbindung mit größeren Vergasern und einer neue Nockenwelle sowie erhöhter Verdichtung dafür sorgte, dass die auf 70 PS angestiegene Leistung dauerhaft verkraftet wurde. Für den US-Markt wurde 1952 bei Gläser in Weiden mit einer Aluminium-Karosserie in Kleinserie ein Roadster aufgelegt, der nur über eine winzige Windschutzscheibe, seitliche Steckfenster und ein Notverdeck sowie Schalensitze verfügte. Ab Ende 1954 mutierte der Roadster zum Speedster, indem man eine Stahl-Karosserie verwendete. Diese erhöhte zwar das Gewicht um 165 kg, machte ihn aber immer noch leichter als das Cabrio und das Coupé – und es ermöglichte eine Serienproduktion, die den Preis um die Hälfte verringerte.

Porsche 356 Coupé (»Knickscheibe«), 1952

Porsche 356 – 1500 und 1500 S (1951 bis 1955)

Konkurrenzmodelle: MG TC, Alfa Romeo 1900 Sport

	1500	1500 S
Typ	2-Sitzer Coupé oder Cabrio (ab 09/1952: 2+2 Sitze)	
Motor	OHV, längs hinter der Hinterachse eingebaut, Gebläsekühlung	
Motortyp	527 (ab 09/1951: 546)	528 (S)
Zylinderzahl	4 Zylinder Boxer	
Bohrung x Hub mm	80 x 74	
Hubraum cm^3	1488	
Verdichtung	7,0 : 1	8,2 : 1
Leistung PS/kW bei U/min	60/44 bei 4800 (ab 09/1952: 55/40 bei 4400)	70/51 bei 5000
max. Drehmoment (Nm) bei U/min	102 bei 3000 (ab 09/1952: 105 bei 2800)	108 bei 3600
Gemischaufbereitung	2 Fallstromvergaser Solex 32 PBI	40 PBIC
Lichtmaschine	Gleichstrom 6 V 160 W	
Antrieb	Vierganggetriebe (ab 10/1952 synchronisiert), Knüppelschaltung, Heckantrieb	
Fahrwerk	Stahl-Kastenrahmen, Stahlkarosserie	
Lenkung	Spindel 14,15 : 1	
Radaufhängung vorne	Kurbellenker oben und unten, quer liegende Vierkant-Drehstabfedern, hydraulische Stoßdämpfer, ab 11/1954 Stabilisator	
Radaufhängung hinten	Pendel-Halbachsen in Schwingenstreben, quer liegende Rund-Drehstabfedern, hydraulische Stoßdämpfer	
Bremsen	vorne Duplex-Trommeln 280 x 40 mm, hinten Simplex-Trommeln 280 x 40 mm	
Räder	3.25 D x 16	
Reifen	5.00-16 Sport	
Abmessungen L x B x H mm	3870 (ab 10/1952: 3950) x 1660 x 1300	
Radstand mm	2100	
Spurweite vorne/hinten mm	1290/1250	
Wendekreis m	10,8	
Leergewicht kg	Coupé: 800 (ab 10/1952: 820), Cabriolet: 820 (ab 10/1952: 840)	
Zul. Gesamtgewicht kg	1100 (ab 10/1952: 1200)	
Tankinhalt l	50	
Höchstgeschwindigkeit km/h	168 (ab 10/1952: 160)	175
Beschleunigung 0–100 km/h in sec.	16 (ab 10/1952: 17)	14
Verbrauch l/100 km	10 bis 11	
Leistungsgewicht kg/PS	12,8 (ab 10/1952: 14,72)	11,6
Sonstiges		
Produktionszeitraum	05/1950 bis 11/1954	
Produktionszahlen	Coupé gesamt: 6252; Cabriolet gesamt: 1830	
Vorgängermodell	356/2	
Nachfolgemodell	356 A	
Preise (10/1952) in DM	Coupé: 12.700 Cabriolet: 14.700	13.800 15.800

Porsche 356 – 1500 American Roadster, Speedster, Super Speedster (1951 bis 1955)

Porsche 356 American Roadster, 1952

Porsche 356 Speedster, 1955

Porsche 356 – 1500 American Roadster, Speedster, Super Speedster (1951 bis 1955)

Konkurrenzmodelle: MG TC, Alfa Romeo Guiletta

	American Roadster	Speedster	Super Speedster
Typ		2-Sitzer Cabrio	
Motor		OHV, längs hinter der Hinterachse eingebaut, Gebläsekühlung	
Motortyp	528	524 + 564	528
Zylinderzahl		4 Zylinder Boxer	
Bohrung x Hub mm		80 x 74	
Hubraum cm^3		1488	
Verdichtung	7,0 : 1	7,0 : 1	8,2 : 1
Leistung PS/kW bei U/min	70/51 bei 5000	60/44 bei 4800	70/51 bei 5000
max. Drehmoment Nm bei U/min	108 bei 3600	105 bei 2800	108 bei 3600
Gemischaufbereitung	2 Fallstromvergaser Solex 32 PBI	Solex 32 PBI	Solex 40 PBIC
Lichtmaschine		Gleichstrom 6 V 160 W	
Antrieb		Vierganggetriebe (ab 10/1952 synchronisiert), Knüppelschaltung, Heckantrieb	
Fahrwerk	Alukarosserie	Stahlkarosserie	Stahl-Kastenrahmen
Lenkung		Spindel 14,15 : 1	
Radaufhängung vorne		Kurbellenker oben und unten, quer liegende Vierkant-Drehstabfedern, hydraulische Stoßdämpfer, ab 11/1954 Stabilisator	
Radaufhängung hinten		Pendel-Halbachsen in Schwingenstreben, quer liegende Rund-Drehstabfedern, hydraulische Stoßdämpfer	
Bremsen		vorne Duplex-Trommeln 230 x 30 mm (ab 09/1952: 280 x 40 mm), hinten Simplex-Trommeln 230 x 30 mm (ab 09/1952: 280 x 40 mm)	
Räder		3.25 D x 16	
Reifen	5.25-16	5.00-16 Sport	5.00-16 Sport
Abmessungen L x B x H mm	3850 x 1550 x 1250	3950 x 1660 x 1220	3950 x 1660 x 1220
Radstand mm		2100	
Spurweite vorne/hinten mm	1306/1248	1290/1250	1290/1250
Wendekreis m		10,8	
Leergewicht kg	605	760	760
Zul. Gesamtgewicht kg	k. A.	1100	1100
Tankinhalt l		50	
Höchstgeschwindigkeit km/h	180	160	175
Beschleunigung 0–100 km/h in sec.	10	17	13,5
Verbrauch l/100 km		10 bis 11	
Leistungsgewicht kg/PS	8,64	13,8	10,85
Sonstiges			
Produktionszeitraum	09/1952 bis 09/1953	09/1953 bis 11/1954	09/1953 bis 11/1954
Produktionszahlen	21	Speedster (incl. Super): 1234	
Vorgängermodell		356/2	
Nachfolgemodell		356 A	
Preise (10/1954)	4600 $ (1952)	12.200 DM	13.300 DM

Porsche 597 (1954 bis 1958)

Mit der Gründung der Bundeswehr mussten die Soldaten auch mobilisiert werden. Neben Goliath (Borgward) und DKW (Auto Union) nahm auch Porsche an der Ausschreibung teil (nicht jedoch der ehemalige Wehrmachts-Lieferant VW, da man in Wolfsburg mit der Käfer-Produktion völlig ausgelastet war). Der DKW besaß einen Zweitaktmotor, der Goliath zunächst gar einen Zweitakter mit Einspritzung (später einen Viertakt-Boxer) und der Porsche den 1500er (später den 1600er) Motor aus dem 356, der mit einem Zentralvergaser und geringerer Verdichtung 50 PS leistete. Und der Porsche war der Einzige, der schwimmen konnte (jedoch ohne eigenen Antrieb). Weil man der Borgward-Einspritzung misstraute und der Porsche 60% teurer war als der DKW (und außerdem das Werk Ingolstadt nicht komplett ausgelastet war), hatten Soldaten fast 30 Jahre lang die Zweitaktfahnen des DKW »Munga« einzuatmen. Dieser erhielt aber auch den Zuschlag, weil die Auto Union sofort liefern konnte. Beim Porsche wurde bemängelt, dass die hohe Bordwand das Ein- und Aussteigen behindere. Bis 1958 wurde der jetzt »Jagdwagen« genannte Wagen in einer Kleinserie von 71 Exemplaren weiterentwickelt, dabei erhielten die letzten Wagen auch Türen.

Porsche 597 »Jagdwagen«, 1954

Porsche 597 Jagdwagen (1. Serie: 1954 bis 1955, 2. Serie: 1955 bis 1958)

Konkurrenzmodelle: DKW F 91/4, Goliath Typ 31

	1. Serie	2. Serie
Typ	LKW 0,25 t »Jagdwagen«	
Motor	OHV, längs hinter der Hinterachse eingebaut, Gebläsekühlung	
Motortyp	597	
Zylinderzahl	4 Zylinder Boxer	
Bohrung x Hub mm	80 x 74	82,5 x 74
Hubraum cm^3	1488	1582
Verdichtung	7,0 : 1	6,5 : 1
Leistung PS/kW bei U/min	50/37 bei 4000	4200
max. Drehmoment Nm bei U/min	100 bei 2300	105 bei 2400
Gemischaufbereitung	1 Doppel-Fallstromvergaser Zenith 32 NDIX	
Lichtmaschine	24 V 600 W	
Antrieb	Fünfganggetriebe , Knüppelschaltung, Allradantrieb, hinten mit selbstsperrendem Differenzial, vorne abschaltbar	
Fahrwerk	Selbsttragende Stahlkarosserie, schwimmfähig	
Lenkung	Spindel 14,15 : 1	
Radaufhängung vorne	Kurbellenker oben und unten, quer liegende Vierkant-Drehstabfedern, hydraulische Stoßdämpfer	
Radaufhängung hinten	Pendel-Halbachsen, Längslenker, quer liegende Rund-Drehstabfedern, hydraulische Stoßdämpfer	
Bremsen	vorne Duplex-Trommeln 280 x 40 mm, hinten Simplex-Trommeln 280 x 40 mm	
Räder	16 Zoll	
Reifen	6.00-16 Extra M	
Abmessungen L x B x H mm	3700 x 1560 x 1235 (ohne Verdeck, Frontscheibe heruntergeklappt)	
Radstand mm	2060	
Spurweite vorne/hinten mm	1340	1385
Wendekreis m	11	
Leergewicht kg	1090	
Zul. Gesamtgewicht kg	1500	
Tankinhalt l	60	
Höchstgeschwindigkeit km/h	100	
Beschleunigung 0–100 km/h in sec.	–	
Verbrauch l/100 km	14 bis 16	
Leistungsgewicht kg/PS	22	
Sonstiges		
Produktionszeitraum	1954 bis 1958	
Produktionszahlen	71	
Vorgängermodell	–	
Nachfolgemodell	–	

Porsche 356 A (1955 bis 1959)

Auf der IAA 1955 stellte Porsche den 356A vor, der sich von vorne durch die durchgehende Frontscheibe, das in den Haubengriff integrierte Porsche-Wappen und die in die Hupengitter integrierten Blinker, von innen durch ein neues Armaturenbrett und von unten durch senkrecht stehende hintere Stoßdämpfer und längere Federwege vom Vorgänger unterschied. Zudem wurden die Räder auf 15 Zoll verkleinert. Als Motoren wurden der 1300er mit 44 oder 60 PS sowie der neue 1600er mit 60 oder 75 PS angeboten. Außerdem stellte man den 356 A 1500 GS (Grand Sport) vor, der neben dem Beinamen »Carrera« einen aus dem Rennwagen RS Spyder übernommenen, per Königswellen gesteuerten DOHC-Motor erhalten hatte; den 100 PS starken Wagen gab es wie auch die anderen sowohl als Coupé, Cabriolet und Speedster. Der 1300er fiel Ende 1957 aus dem Programm, dafür wurde der Carrera in der »Grand Tourisme«-Version (nur als Speedster oder Coupé) um weitere 10 PS aufgestockt und durch Türen und Hauben aus Aluminium erleichtert (ohne dies auch beim Budget des Käufers zu tun).

1958 wurden die 1600er Motoren mit neuen Zenith-Vergasern ausgerüstet. Der Super-Motor erhielt eine gleitgelagerte Kurbelwelle und der »normale« Grauguss-zylinder. Als neue Variante kamen ein (bei Karmann in Osnabrück gefertigtes) Hardtop-Coupé mit angeschweißtem Dach und ein Hardtop-Cabriolet mit abnehmbaren Dach ins Programm. Der GS Carrera wurde durch eine schwerere De-Luxe-Variante ersetzt.

1959 wurde der Speedster durch den Convertible D (für Karosseriewerk Drauz) ersetzt, der neben einer größeren Windschutzscheibe auch über seitliche Kurbelfenster verfügte. Den Carrera-Motor vergrößerte man auf 1600 cm^3, bestückte ihn mit Solex-Doppelvergasern und montierte ihn in den Carrera de Luxe, den es in allen Karosserievarianten gab. Den Carrera GT mit Weber-Doppelvergasern und jetzt 115 PS gab es nur noch als Coupé. Da die Carrera-Varianten nicht nur ein Drittel stärker, sondern auch teurer waren, waren nur etwa 3% aller 356 A mit diesem Schriftzug am Heck anzutreffen.

Porsche 356 A 1600 Coupé, 1956

Porsche 356 A – 1300 und 1300 S (1955 bis 1957)

Konkurrenzmodelle: MG A, Karmann Ghia

	1300	1300 S
Typ	2+2-Sitzer Coupé oder Cabrio	
Motor	OHV, längs hinter der Hinterachse eingebaut, Gebläsekühlung	
Motortyp	506/2	589/2
Zylinderzahl	4 Zylinder Boxer	
Bohrung x Hub mm	74,5 x 74	
Hubraum cm^3	1290	
Verdichtung	6,5 : 1	8,2 : 1
Leistung PS/kW bei U/min	44/32 bei 4200	60/44 bei 5500
max. Drehmoment Nm bei U/min	81 bei 2800	88 bei 3600
Gemischaufbereitung	2 Fallstromvergaser Solex 32 PBIC	
Lichtmaschine	Gleichstrom 6 V 160 W	
Antrieb	synchronisiertes Vierganggetriebe, Knüppelschaltung, Heckantrieb	
Fahrwerk	Stahl-Kastenrahmen, Stahlkarosserie	
Lenkung	Spindel 14,15 : 1	
Radaufhängung vorne	Kurbellenker oben und unten, quer liegende Vierkant-Drehstabfedern, hydraulische Stoßdämpfer, Stabilisator	
Radaufhängung hinten	Pendel-Halbachsen in Schwingenstreben, quer liegende Rund-Drehstabfedern, hydraulische Stoßdämpfer	
Bremsen	vorne Duplex-Trommeln 280 x 40 mm, hinten Simplex-Trommeln 280 x 40 mm	
Räder	4.50 J x 15	
Reifen	5.60-15 Sport	
Abmessungen L x B x H mm	3950 x 1670 x 1310	
Radstand mm	2100	
Spurweite vorne/hinten mm	1306/1272	
Wendekreis m	10,8	
Leergewicht kg	Coupé: 860, Cabriolet: 880	
Zul. Gesamtgewicht kg	1200	
Tankinhalt l	50	
Höchstgeschwindigkeit km/h	145	160
Beschleunigung 0–100 km/h in sec.	22	17
Verbrauch l/100 km	10 bis 11	
Leistungsgewicht kg/PS	Coupé: 19,31	14,16
Sonstiges		
Produktionszeitraum	09/1955 bis 08/1957	
Produktionszahlen	Coupé gesamt: 13016, Cabriolet gesamt: 3285	
Vorgängermodell	356	
Nachfolgemodell	356B	
Preise (09/1955) in DM	Coupé: 11.400 Cabrio: 12.600	13.500 14.700

Porsche 356 A Convertible D, 1957

Porsche 356 A – 1600 und 1600 S (1955 bis 1959)

Konkurrenzmodelle: MG 1600, Mercedes 190 SL

	1600	1600 S
Typ	2+2-Sitzer Coupé oder Cabrio	
Motor	OHV, längs hinter der Hinterachse eingebaut, Gebläsekühlung	
Motortyp	616/1	616/2
Zylinderzahl	4 Zylinder Boxer	
Bohrung x Hub mm	82,5 x 74	
Hubraum cm^3	1582	
Verdichtung	7,5 :1	8,5 : 1
Leistung PS/kW bei U/min	60/44 bei 4500	75/55 bei 5000
max. Drehmoment Nm bei U/min	110 bei 2800	117 bei 3700
Gemischaufbereitung	2 Fallstromvergaser Solex 32 PBIC	Solex 40 PICB
Lichtmaschine	Gleichstrom 6 V 160 W	
Antrieb	synchronisiertes Vierganggetriebe, Knüppelschaltung, Heckantrieb	
Fahrwerk	Stahl-Kastenrahmen, Stahlkarosserie	
Lenkung	Spindel 14,15 : 1, ab 09/1957 Schnecke 16 : 1	
Radaufhängung vorne	Kurbellenker oben und unten, quer liegende Drehstabfedern, hydraulische Stoßdämpfer, Stabilisator	
Radaufhängung hinten	Pendel-Halbachsen in Schwingenstreben, quer liegende Drehstabfedern, hydraulische Stoßdämpfer	
Bremsen	vorne Duplex-Trommeln 280 x 40 mm, hinten Simplex-Trommeln 280 x 40 mm	
Räder	4.50 J x 15	
Reifen	5.60-15 Sport	
Abmessungen L x B x H mm	3950 x 1670 x 1310	
Radstand mm	2100	
Spurweite vorne/hinten mm	1306/1272	
Wendekreis m	10,8	
Leergewicht kg	Coupé: 860, Cabriolet: 880	
Zul. Gesamtgewicht kg	1200	
Tankinhalt l	50	
Höchstgeschwindigkeit km/h	160	175
Beschleunigung 0–100 km/h in sec.	16,5	14,5
Verbrauch l/100 km	10 bis 11	
Leistungsgewicht kg/PS	Coupé: 12,66	11,33
Sonstiges		
Produktionszeitraum	09/1955 bis 08/1959	
Produktionszahlen	356 A Coupé gesamt: 13.016, 356 A Cabriolet gesamt: 3285	
Vorgängermodell	356	
Nachfolgemodell	356B	
Preise (09/1955) in DM	Coupé: 12.700 Cabriolet: 13.900	13.800 15.000

Porsche 356 Speedster, 1957

Porsche 356 A – 1600 Speedster und 1600 Super Speedster (1956 bis 1958)

Konkurrenzmodelle: MG TC, Alfa Romeo Guiletta

	1600 Speedster	1600 Super Speedster
Typ	2-Sitzer Cabrio	
Motor	OHV, längs hinter der Hinterachse eingebaut, Gebläsekühlung	
Motortyp	616/1	616/2
Zylinderzahl	4 Zylinder Boxer	
Bohrung x Hub mm	82,5 x 74	
Hubraum cm^3	1582	
Verdichtung	7,5 : 1	8,5 : 1
Leistung PS/kW bei U/min	60/44 bei 4500	75/55 bei 5000
max. Drehmoment Nm bei U/min	110 bei 2800	117 bei 3700
Gemischaufbereitung	2 Fallstromvergaser Solex 32 PBIC	Solex 40 PICB
Lichtmaschine	Gleichstrom 6 V 160 W	
Antrieb	synchronisiertes Vierganggetriebe, Knüppelschaltung, Heckantrieb	
Fahrwerk	Stahl-Kastenrahmen, Stahlkarosserie	
Lenkung	Spindel 14,15 : 1, ab 09/1957 Schnecke 16 : 1	
Radaufhängung vorne	Kurbellenker oben und unten, quer liegende Vierkant-Drehstabfedern, hydraulische Stoßdämpfer, Stabilisator	
Radaufhängung hinten	Pendel-Halbachsen in Schwingenstreben, quer liegende Rund-Drehstabfedern, hydraulische Stoßdämpfer	
Bremsen	vorne Duplex-Trommeln 280 x 40 mm, hinten Simplex-Trommeln 280 x 40 mm	
Räder	4.50 J x 15	
Reifen	5.60-15 Sport	
Abmessungen L x B x H mm	3950 x 1670 x 1220	
Radstand mm	2100	
Spurweite vorne/hinten mm	1306/1272	
Wendekreis m	10,8	
Leergewicht kg	760	
Zul. Gesamtgewicht kg	1100	
Tankinhalt l	50	
Höchstgeschwindigkeit km/h	160	175
Beschleunigung 0–100 km/h in sec.	16	15
Verbrauch l/100 km	10 bis 11	
Leistungsgewicht kg/PS	12,66	10,13
Sonstiges		
Produktionszeitraum	09/1955 bis 08/1958	
Produktionszahlen	Gesamt: 2910	
Vorgängermodell	356 Speedster	Super Speedster
Nachfolgemodell	Convertible D	
Preise (09/1955) in DM	11.900	13.000

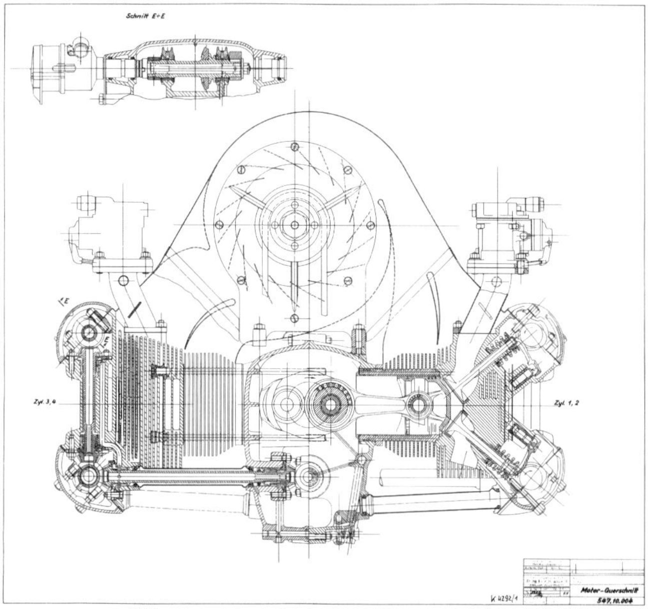

Aufbau des DOHC-Carrera-Motors mit Königswellen

Cockpit eines Porsche 356 A Speedster, 1956

356 A 1500 GS Carrera (1956 bis 1958)

Konkurrenzmodelle: Mercedes Benz 190 SL, Alfa Romeo Guiletta

	356 A 1500 GS Carrera
Typ	2+2-Sitzer Coupé oder Cabrio, 2-Sitzer Speedster
Motor	DOHC, längs hinter der Hinterachse eingebaut, Gebläsekühlung
Motortyp	547/1, (ab 09/1956: 692/0), Trockensumpfschmierung, Doppelzündung
Zylinderzahl	4 Zylinder Boxer
Bohrung x Hub mm	85 x 66
Hubraum cm^3	1498
Verdichtung	9,0 : 1
Leistung PS/kW bei U/min	100/74 bei 6200 (ab 09/1958: 110/81 bei 6400)
max. Drehmoment Nm bei U/min	119 bei 5200 (ab 09/1958: 124 bei 5200)
Gemischaufbereitung	2 Doppel-Fallstromvergaser Solex 40 PII-4
Lichtmaschine	Gleichstrom 6 V 160 W
Antrieb	synchronisiertes Vierganggetriebe, Knüppelschaltung, Heckantrieb
Fahrwerk	Stahl-Kastenrahmen, Stahlkarosserie
Lenkung	Spindel 14,15 : 1, ab 09/1957 Schnecke 16 : 1
Radaufhängung vorne	Kurbellenker oben und unten, quer liegende Vierkant-Drehstabfedern, hydraulische Stoßdämpfer, Stabilisator
Radaufhängung hinten	Pendel-Halbachsen in Schwingenstreben, quer liegende Rund-Drehstabfedern, hydraulische Stoßdämpfer
Bremsen	vorne Duplex-Trommeln 280 x 40 mm (ab 09/1956: 280 x 60 mm), hinten Simplex-Trommeln 280 x 40 mm
Räder	4.50 J x 15
Reifen	5.90-15 Supersport
Abmessungen L x B x H mm	3950 x 1670 x 1220 (Speedster), 1290 (Cabrio, Hardtop), 1310 (Coupé)
Radstand mm	2100
Spurweite vorne/hinten mm	1306/1272
Wendekreis m	10,8
Leergewicht kg	840 (Speedster), 865 (Coupé), 930 (Cabriolet)
Zul. Gesamtgewicht kg	1180 (Speedster), 1225
Tankinhalt l	50
Höchstgeschwindigkeit km/h	200
Beschleunigung 0–100 km/h in sec.	11 (Speedster, Coupé), 12 (Cabriolet, Hardtop)
Verbrauch l/100 km	12 bis 13
Leistungsgewicht kg/PS	7,86 bis 9,3
Sonstiges	
Produktionszeitraum	09/1956 bis 08/1958
Produktionszahlen	356A GS gesamt: 447, Speedster: 167
Vorgängermodell	–
Nachfolgemodell	Carrera 1600
Preise (09/1955) in DM	Coupé: 18.500, Cabriolet: 19.700, Speedster: 17.700

Porsche 356 A 1600 GS Carrera Cabrio, 1958

Porsche 356 A 1500 GS Carrera GT 1957

356 A 1600 GS Carrera de Luxe und Grand Tourismo (1959)

Konkurrenzmodelle: Mercedes Benz 190 SL, Alfa Romeo Guiletta

	1600 GS Carrera de Luxe	Grand Tourismo
Typ	2+2-Sitzer Coupé oder Cabrio, 2-Sitzer Convertible	Coupé
Motor	DOHC, längs hinter der Hinterachse eingebaut, Gebläsekühlung	
Motortyp	692/2	692/3
	Trockensumpfschmierung, Doppelzündung	
Zylinderzahl	4 Zylinder Boxer	
Bohrung x Hub mm	87,5 x 66	
Hubraum cm^3	1588	
Verdichtung	9,5 : 1	9,8 : 1
Leistung PS/kW bei U/min	105/77 bei 6500	115/85 bei 6500
max. Drehmoment Nm bei U/min	121 bei 5000	135 bei 5500
Gemischaufbereitung	2 Doppel-Fallstromvergaser Solex 40 PII-4	Weber 40 DCM 1
Lichtmaschine	Gleichstrom 6 V 160 W, auf Wunsch 12 V	
Antrieb	synchronisiertes Vierganggetriebe, Knüppelschaltung, Heckantrieb	
Fahrwerk	Stahl-Kastenrahmen, Stahlkarosserie	
Lenkung	Schnecke 16 : 1	
Radaufhängung vorne	Kurbellenker oben und unten, quer liegende Drehstabfedern, hydraulische Stoßdämpfer, Stabilisator	
Radaufhängung hinten	Pendel-Halbachsen in Schwingenstreben, quer liegende Drehstabfedern, hydraulische Stoßdämpfer	
Bremsen	vorne Duplex-Trommeln 280 x 60 mm, hinten Simplex-Trommeln 280 x 40 mm	
Räder	4.50 J x 15	
Reifen	5.90-15 Supersport	
Abmessungen L x B x H mm	3950 x 1670 x 1290 (Cabriolet, Hardtop, Convertible), 1310 (Coupé)	
Radstand mm	2100	
Spurweite vorne/hinten mm	1306/1272	
Wendekreis m	10,8	
Leergewicht kg	950	870
Zul. Gesamtgewicht kg	1250	
Tankinhalt l	50 (auf Wunsch 80)	
Höchstgeschwindigkeit km/h	200	
Beschleunigung 0–100 km/h in sec.	12 bis 11	
Verbrauch l/100 km	12 bis 13	
Leistungsgewicht kg/PS	9,04	7,56
Sonstiges		
Produktionszeitraum	09/1958 bis 08/1959	
Produktionszahlen	101	103
Vorgängermodell	356 A Carrera 1500	
Nachfolgemodell	356 B Carrera 1600	
Preise (09/1958) in DM	Coupé: 18.500, Cabrio: 19.700, Hardtop-Cabrio: 20.490	

Porsche 356 B (1959 bis 1963)

Da für das Modelljahr 1960 der 356 in vielen Bereichen überarbeitet wurde, erhielt er ab Werk die Zusatzbezeichnung B. Die Stoßstangen lagen höher, um amerikanischen Vorschriften zu entsprechen, wonach diese bei allen Autos die gleiche Höhe haben mussten. Auch die jetzt asymmetrischen Scheinwerfer waren höher positioniert, um die Straße besser ausleuchten zu können. Daneben wurden die Sitze, das Getriebe, die Bremsen, die Elektrik und die Motoren überarbeitet. Zunächst hatten alle Aggregate 1,6 Liter Hubraum. Den Stößelstangenmotor gab es in drei Leistungsvarianten: mit 60, 75 oder 90 PS. Der DOHC-Königswellenmotor des Carrera leistete 115 PS (erst 1962 kam der Zwei-Liter-Carrera). Wie gehabt wurde der 356 B als Coupé, Cabriolet (von Reutter) Hardtop-Coupé (von Karmann) und Roadster (zunächst von Drauz, später von D'leteren in Brüssel) angeboten – Roadster war die neue Bezeichnung für den Convertible, und die Variante lief 1961 aus. Den Carrera gab es nur noch in der GT-Ausführung als Coupé mit 115 PS.

Ab dem Modelljahr 1962 wurde die Karosserie so verändert, dass Kofferraum und Haube etwas größer waren und der Tank von außen befüllt werden konnte. Auch die Motorhaube war größer und erhielt zwei Gitter; zudem vergrößerte sich beim Coupé die Fensterfläche. Der Carrera-Motor wurde jetzt in Hub und Bohrung auf 1966 cm^3 vergrößert und leistete in der GS-Version 130, in der GT-Variante 140 und mit Sportauspuff 155 PS. Ab April 1962 erhielt der Carrera als erster Porsche selbst konstruierte Scheibenbremsen, bei denen der Sattel von innen in den Scheibenring griff.

Porsche 356 B Coupé, 1959

Porsche 356 B – 1600, 1600 S und 1600 Super 90 (1959 bis 1963)

Konkurrenzmodelle: MG 1600, Alfa Romeo 2000

	1600	1600 S	1600 Super 90
Typ	2+2-Sitzer Coupé oder Cabrio, 2-Sitzer Roadster		
Motor	OHV, längs hinter der Hinterachse eingebaut, Gebläsekühlung		
Motortyp	616/1	616/2	616/7
Zylinderzahl	4 Zylinder Boxer		
Bohrung x Hub mm	82,5 x 74		
Hubraum cm^3	1582		
Verdichtung	7,5 : 1	8,5 : 1	9,0 : 1
Leistung PS/kW bei U/min	60/44 bei 4500	75/55 bei 5000	90/66 bei 5500
max. Drehmoment Nm bei U/min	110 bei 2800	117 bei 3700	121 bei 4300
Gemischaufbereitung	2 Fallstromvergaser Zenith 32 NDIX	Zenith 32 NDIX	Solex 40 PII-4
Lichtmaschine	Gleichstrom 6 V 200 W, auf Wunsch 12 Volt		
Antrieb	synchronisiertes Vierganggetriebe, Knüppelschaltung, Heckantrieb		
Fahrwerk	Stahl-Kastenrahmen, Stahlkarosserie		
Lenkung	Schnecke 16 : 1		
Radaufhängung vorne	Kurbellenker oben und unten, quer liegende Vierkant-Drehstabfedern, hydraulische Stoßdämpfer, Stabilisator		
Radaufhängung hinten	Pendel-Halbachsen in Schwingenstreben, quer liegende Rund-Drehstabfedern, hydraulische Stoßdämpfer		
Bremsen	vorne Duplex-Trommeln 280 x 40 mm, hinten Simplex-Trommeln 280 x 40 mm		
Räder	4.50 J x 15		
Reifen	5.90-15 Sport oder 165-15 Sport		
Abmessungen L x B x H mm	4010 x 1670 x 1330 (Hardtop 1315, Roadster 1310)		
Radstand mm	2100		
Spurweite vorne/hinten mm	1306/1272		
Wendekreis m	10,8		
Leergewicht kg	Roadster: 875, Coupé: 900 (ab 09/1961: 935), Cabrio: 925 (ab 09/1961: 955)		
Zul. Gesamtgewicht kg	1250		
Tankinhalt l	50		
Höchstgeschwindigkeit km/h	160	175	180
Beschleunigung 0–100 km/h in sec.	16	15	14
Verbrauch l/100 km	10 bis 12		
Leistungsgewicht kg/PS	Coupé: 15 bis 15,5	12 bis 12,5	10 bis 10,4

	1600	1600 S	1600 Super 90
Sonstiges			
Produktionszeitraum		09/1959 bis 08/1963	
Produktionszahlen		Coupé gesamt: 20.597 Cabrio gesamt: 6194 Hardtop gesamt: 1747 Roadster: 2902	
Vorgängermodell		356 A	
Nachfolgemodell		356 C	
Preise (09/1959) in DM	Coupé: 12.700 Cabrio: 13.900 Hardtop-Cabrio: 14.390	13.500 14.700 15.190	14.500 15.700 16.190

Porsche 356 B Coupé, 1959

356 B 1600 GS Carrera GT Coupé (1959 bis 1961), Carrera 2000 GS und 2000 GS-GT

Konkurrenzmodelle: Mercedes-Benz 190 SL, Ferrari 250 GT

	1600 GS Carrera GT Coupé	Carrera 2000 GS	2000 GS-GT
Typ	2+2-Sitzer Coupé oder Cabrio, 2-Sitzer Convertible	Coupé	Coupé
Motor	DOHC, längs hinter der Hinterachse eingebaut, Gebläsekühlung		
Motortyp	692/3	581/1	581/1
	Trockensumpfschmierung, Doppelzündung		
Zylinderzahl	4 Zylinder Boxer		
Bohrung x Hub mm	87,5 x 66	92 x 74	92 x 74
Hubraum cm³	1588	1966	1966
Verdichtung	9,8 : 1	9,5 : 1	9,8 : 1
Leistung PS/kW bei U/min	115/85 bei 6500	130/96 bei 6200	140/102 bei 6200
max. Drehmoment Nm bei U/min	135 bei 5500	162 bei 4600	174 bei 4700
Gemischaufbereitung	2 Doppel-Fallstrom-vergaser Weber 40 DCM 2	Solex 40 PII-4	Weber 46 I DM 2
Lichtmaschine	Gleichstrom 12 V 200 oder 300 W		
Antrieb	synchronisiertes Vierganggetriebe, Knüppelschaltung, Heckantrieb		
Fahrwerk	Stahl-Kastenrahmen, Stahlkarosserie		
Lenkung	Schnecke 16 : 1		
Radaufhängung vorne	Kurbellenker oben und unten, quer liegende Vierkant-Drehstabfedern, hydraulische Stoßdämpfer, Stabilisator		
Radaufhängung hinten	Pendel-Halbachsen in Schwingenstreben, quer liegende Rund-Drehstabfedern, hydraulische Stoßdämpfer, Ausgleichs-Blattfedern		
Bremsen	vorne Duplex-Trommeln 280 x 60 mm, hinten Simplex-Trommeln 280 x 40 mm, ab 09/1961 vorne/hinten innen umfasste Scheiben 297 mm		
Räder	4.50 J x 15		
Reifen	165-15 Gürtel		
Abmessungen L x B x H mm	3980 x 1670 x 1320 (Coupé) 1305 (Cabrio, Hardtop)		
Radstand mm	2100		
Spurweite vorne/hinten mm	1306/1272		
Wendekreis m	10,8		
Leergewicht kg	845	1010	850
Zul. Gesamtgewicht kg	1250	1360	1250
Tankinhalt l	80	50	110
Höchstgeschwindigkeit km/h	200	200	210
Beschleunigung 0–100 km/h in sec.	10,5	9	8

	1600 GS Carrera GT Coupé	Carrera 2000 GS	2000 GS-GT
Verbrauch l/100 km	13 bis 14		
Leistungsgewicht kg/PS	7,34	7,76	6,07
Sonstiges			
Produktionszeitraum	09/1959 bis 08/1963		
Produktionszahlen	40	310	
Vorgängermodell	356 A Carrera 1600		
Nachfolgemodell	356 C Carrera 2000		
Preise in DM	1600 GS Coupé: 21.500 (07/1960) 2000er GS und GT Coupé: 23.700 (09/1961) 2000er GS und GT Cabrio: 25.850 (09/1961)		

Porsche 356 B Carrera 2 Coupé, 1962

Porsche 356 B 2000 GS Carrera 2 Coupé, 1963

Motor des 356 Carrera

Porsche 356 C (1963 bis 1965)

Die letzte Ausführung des 356 ersetzte bereits nach vier Jahren mit unveränderten Coupé- und Cabriolet-Karosserien den Vorgänger – andere Ausführungen gab es nicht mehr. Rundherum verzögern jetzt »normale« Scheibenbremsen den Wagen, doch immer noch waren nicht alle Ausführungen serienmäßig mit einer 12 Volt-Elektrik ausgerüstet. Die Stößelstangen-Motoren waren jetzt nur noch mit 75 und 95 PS zu haben, wobei das Basis-Aggregat auf mehr Durchzug und der SC-Motor auf höhere Leistung getrimmt wurden. Dem Fahrwerk wurde durch einen stärkeren Vorderachsen-Stabilisator, durch weichere Hinterachsen-Drehstäbe und durch neue Stoßdämpfer sowohl mehr Komfort als auch weniger Neigung zum Ausbrechen des Hecks anerzogen.

Beim 356 C Carrera wurden bis 1964 nur geringe Modifikationen vorgenommen, dann fiel er nach nur 126 Exemplaren aus dem Programm. Nach über 77.000 Exemplaren, davon 23.800 offenen Modellen, endete die Produktion des Porsche 356 im April 1965.

Porsche 356 C 1600 Cabrio, 1964

Porsche 356 C 1600 und SC 1600 (1963 bis 1965)

Konkurrenzmodelle: Austin Healey, Jaguar E, Alpina A 110

	1600	SC 1600
Typ	2+2-Sitzer Coupé oder Cabrio	
Motor	OHV, längs hinter der Hinterachse eingebaut, Gebläsekühlung	
Motortypen	616/15	616/16
Zylinderzahl	4 Zylinder Boxer	
Bohrung x Hub mm	82,5 x 74	
Hubraum cm^3	1582	
Verdichtung	8,5 : 1	9,5 : 1
Leistung PS/kW bei U/min	75/55 bei 5200	95/70 bei 5800
max. Drehmoment Nm bei U/min	123 bei 3600	124 bei 4200
Gemischaufbereitung	2 Fallstromvergaser Zenith 32 NDIX	Solex 40 PII-4
Lichtmaschine	Gleichstrom 6 V 200 W, auf Wunsch 12 V	
Antrieb	synchronisiertes Vierganggetriebe, Knüppelschaltung, Heckantrieb	
Fahrwerk	Stahl-Kastenrahmen, Stahlkarosserie	
Lenkung	Schnecke 16 : 1	
Radaufhängung vorne	Kurbellenker oben und unten, quer liegende Viereck-Drehstabfedern, hydraulische Stoßdämpfer, Stabilisator	
Radaufhängung hinten	Pendel-Halbachsen in Schwingenstreben, quer liegende Rund-Drehstabfedern, hydraulische Stoßdämpfer	
Bremsen	4 Scheiben vorne 274,5, hinten 285 mm, 2-Kolben-Festsättel	
Räder	4.50 J x 15	
Reifen	5.60-15 oder 165 R 15	
Abmessungen L x B x H mm	4010 x 1670 x 1330 (Cabriolet 1315)	
Radstand mm	2100	
Spurweite vorne/hinten mm	1306/1272	
Wendekreis m	10,8	
Leergewicht kg	Coupé: 935, Cabriolet: 955	
Zul. Gesamtgewicht kg	1250	
Tankinhalt l	50	
Höchstgeschwindigkeit km/h	175	180
Beschleunigung 0–100 km/h in sec.	13,5	12
Verbrauch l/100 km	11 bis 12	
Leistungsgewicht kg/PS	12,5	9,8
Sonstiges		
Produktionszeitraum	09/1963 bis 04/1965	
Produktionszahlen	Coupé gesamt: 13.510 Cabriolet gesamt: 3175	

	1600	SC 1600
Vorgängermodell	356 B	
Nachfolgemodell	911	
Preise (07/1963) in DM	Coupé: 14.950 Cabrio: 15.950 Hardtop-Cabrio: 16.900	16.450 17.450 18.400

Porsche 356 C 1600 Coupé, 1964

Porsche 901 (911) und 902 (912) – (1964 bis 1973)

Bereits seit den 1950er-Jahren dachte man in Zuffenhausen an ein größeres Modell, nach vielen Ideen entschloss man sich dazu, bei einem 2+2-Sitzer mit Schrägheck und Heckmotor zu bleiben. So wurde schließlich auf der IAA 1963 der 901 getaufte Wagen vorgestellt, der mit seinem Sechszylinder-Boxermotor zunächst nur den 356 Carrera ablösen sollte. Doch da auch ein 902 mit modifiziertem 356-Motor in den Startlöchern stand, war klar, dass die Tage des seit 15 Jahren etablierten 356 gezählt waren. Weil Peugeot darauf bestand, dass die mittige Null in der Typenbezeichnung den Franzosen gehöre, taufte Porsche seine neuen Wagen in 911 und 912 um. Die neue Sicherheits-Zahnstangenlenkung mit zwei Knickgelenken, der im linken Kotflügel untergebrachte Tank und das tief im Boden liegende Reserverad ermöglichten einen erstaunlich großen Kofferraum – der Platz hinter den vorderen Sitzen war weiterhin nur als Notsitz oder Gepäckablage zu nutzen.
Der mit einer selbsttragenden Karosserie und einem gegenüber dem 356 um 11 cm verlängerten Radstand ausgerüstete 911 verfügte wieder über einen hinter der Hinterachse liegenden gebläsegekühlten Boxermotor, allerdings fand sich je Zylinderkopf eine oben liegende Nockenwelle, die per Steuerkette angetrieben wurde, zudem war das Aggregat wie der alte Carrera-Motor mit einer Trockensumpfschmierung ausgerüstet, die nicht nur eine tiefe Einbaulage erlaubte, sondern auch bei härtester Fahrweise eine konstante Ölversorgung sicherstellte. In der Basis-Version leistete der 1991 cm^3 große Motor 130 PS, in der S-Version wurden es ab 1969 mit Einspritzung bis zu 170 PS. Ab 1968 sollte der 911 T (Touring) mit einem auf 110 PS gedrosselten Motor den 912 ersetzen, er erhielt die gleiche Innenausstattung und das Vierganggetriebe. Der 911 hieß jetzt 911 L. Alle Modelle konnten mit »Sportomatic« geordert werden – einer Kupplungsautomatik mit Drehmomentwandler, bei der das Kupplungspedal entfällt. Aufgrund amerikanischer Sicherheitsbestimmungen verzichtete Porsche zunächst auf ein Cabriolet, allerdings wurde ab dem Modelljahr 1967 ein »Targa« (was zum einen auf italienisch »Schild« heißt, als auch auf Siege bei der Targa Florio hinweist) angeboten, bei dem die B-Säule als stabiler Überrollbügel aus Edel-

Porsche 911 Coupé, 1963

stahl ausgebildet war und sowohl das Dach wie auch die Heckscheibe – beides aus Kunststoff – entfernt werden konnten.

Da der 1965 ausgelaufene 356 gut ein Drittel billiger war als der 911, entschied man sich bei Porsche, ab April 1965 den 912 zu produzieren, der bis auf den weitgehend vom 356 SC übernommenen Motor komplett auf dem 911 basierte – da der 912 nicht nur den Motor, sondern auch den Preis vom 356 übernommen hatte, verkaufte er sich im folgenden Jahr mehr als dreimal so gut wie der 911. Zwar brachte der um 5 auf 90 PS gedrosselte Motor den nur 995 kg schweren Wagen auch auf über 180 km/h, doch setzte sich mit der Zeit doch der Sechszylinder durch, sodass Porsche im August 1968 den 912 einstellte.

Ab 1969 wurden die beiden Ausführungen 911 L (jetzt E) und S mit einer mechanischen Einspritzung ausgerüstet, was die Leistung um jeweils 10 PS steigerte. Der Radstand wuchs um 57 mm, und es wurden serienmäßig Leichtmetallfelgen von Fuchs in den Größen 6 J x 15 montiert. An der Vorderachse fand sich beim E serienmäßig und beim T und S auf Wunsch eine hydropneumatische Federung. Beim Targa war die jetzt aus Sicherheitsglas bestehende Heckscheibe fest montiert.

2-Liter-Sechszylindermotor des 911

Porsche 912 Coupé, 1965

Porsche 912 Coupé, 1966

Porsche 911 und 912 (1964 bis 1968)

Konkurrenzmodelle: Mercedes-Benz 230 SL, Alpina A 110, Fiat 124 Spider, Alfa Romeo Spider

	911	912
Typ	2+2-Sitzer Coupé oder Targa	
Motor	OHC, längs hinter der Hinterachse eingebaut, Gebläsekühlung, Trockensumpfschmierung	OHV, längs hinter der Hinterachse eingebaut, Gebläsekühlung
Motortyp	901	616/36
Zylinderzahl	6 Zylinder Boxer	4 Zylinder Boxer

	911	**912**
Bohrung x Hub mm	80 x 66	82,5 x 74
Hubraum cm^3	1991	1582
Verdichtung	9,0 : 1	9,3 : 1
Leistung PS/kW bei U/min	130/96 bei 6100	90/66 bei 5800
max. Drehmoment Nm bei U/min	174 bei 4200	122 bei 3500
Gemischaufbereitung	2 Dreifach-Fallstromvergaser Solex 40 oder Weber 40	2 Doppel-Fallstromvergaser Solex 40 PII-4
Lichtmaschine	12 V 490 W	12 V 300 W
Antrieb	synchronisiertes Fünfganggetriebe, Knüppelschaltung, Heckantrieb	Vier- oder Fünfganggetriebe
Fahrwerk	selbsttragende Stahlkarosserie	
Lenkung	Zahnstange 16,5 : 1	
Radaufhängung vorne	Querlenker unten, Längs-Drehstäbe, hydraulische Stoßdämpfer, Stabilisator	
Radaufhängung hinten	Längslenker, Quer-Drehstäbe, hydraulische Stoßdämpfer, Stabilisator	
Bremsen	4 Scheiben vorne 282,5, hinten 285 mm, ab 09/1966 innenbelüftet, 2-Kolben-Festsättel	
Räder	4.5 J x 15, ab 09/1967: 5.5 J x 15	
Reifen	165 R 15, ab 09/1967: 165 HR 15	
Abmessungen L x B x H mm	4163 x 1610 x 1320	
Radstand mm	2210	
Spurweite vorne/hinten mm	1337/1317, ab 09/1966: 1353/1321, ab 09/1968: 1367/1339	
Wendekreis m	10,3	
Leergewicht kg	1080	970
Zul. Gesamtgewicht kg	1400	1300
Tankinhalt l	62	
Höchstgeschwindigkeit km/h	210	183
Beschleunigung 0–100 km/h in sec.	9	13,5
Verbrauch l/100 km	12 bis 15	
Leistungsgewicht kg/PS	8,3	10,8
Sonstiges		
Produktionszeitraum	09/1964 bis 08/1969	04/1965 bis 08/1968
Produktionszahlen	901/911 Coupé: 13.042 Targa: 2394	912 Coupé: 28.333 Targa: 2562
Vorgängermodell	356 C	
Nachfolgemodell	911 (2195 ccm)	–
Preise in DM	Coupé: 21.900 Targa: 22.380	16.250 (04/1965) 18.990 (07/1966)

Porsche 911 Targa, 1967

Porsche 911 T und S (1968 bis 1971)

Konkurrenzmodelle: Mercedes-Benz 230 SL, Alpina A 110, Fiat 124 Spider, Alfa Romeo Spider

	911 T	911 S
Typ	2+2-Sitzer Coupé oder Targa	
Motor	OHC, längs hinter der Hinterachse eingebaut, Gebläsekühlung, Trockensumpfschmierung	
Motortyp	901/03	901/10
Zylinderzahl	6 Zylinder Boxer	
Bohrung x Hub mm	80 x 66	
Hubraum cm^3	1991	
Verdichtung	8,6 : 1	9,8 : 1
Leistung PS/kW bei U/min	110/81 bei 5800	170/125 bei 6800
max. Drehmoment Nm bei U/min	157 bei 4200	182 bei 5500
Gemischaufbereitung	2 Dreifach-Fallstromvergaser Weber 40	Bosch Saugrohreinspritzung
Lichtmaschine	12 V 770 W	
Antrieb	synchronisiertes Fünfganggetriebe, Knüppelschaltung, Heckantrieb, auf Wunsch Kupplungsautomatik »Sportomatic«	
Fahrwerk	selbsttragende Stahlkarosserie	
Lenkung	Zahnstange 16,5 : 1	

	911 T	911 S
Radaufhängung vorne	Querlenker unten, Längs-Drehstäbe, hydraulische Stoßdämpfer, auf Wunsch Stabilisator, hydropneumatische Federbeine	
Radaufhängung hinten	Längslenker, Quer-Drehstäbe, hydraulische Stoßdämpfer, auf Wunsch Stabilisator, hydropneumatische Federbeine	
Bremsen	4 innenbelüftete Scheiben vorne 282,5, hinten 285 (ab 09/1969: 290) mm, 2-Kolben-Festsättel	
Räder	5.5 J x 15	6 J x 15
Reifen	165 HR 15	185/70 VR 15
Abmessungen L x B x H mm	4163 x 1610 x 1320	
Radstand mm	2268	
Spurweite vorne/hinten mm	1362-1374/1343-1355	1374/1355
Wendekreis m	10,9	
Leergewicht kg	1020	
Zul. Gesamtgewicht kg	1400	
Tankinhalt l	62	
Höchstgeschwindigkeit km/h	200	225
Beschleunigung 0–100 km/h in sec.	10	8
Verbrauch l/100 km	14,5 bis 16	
Leistungsgewicht kg/PS	9,8	6,4
Sonstiges		
Produktionszeitraum	09/1968 bis 08/1970	
Produktionszahlen	911 T Coupé : 1611, Targa: 789, 911 S Coupé: 1492, Targa: 614	
Vorgängermodell	356 C	
Nachfolgemodell	911 (2195 cm³)	
Preise (10/1969) in DM	Coupé: 19.969 Targa: 21.911	26.918 28.694

Porsche 911 T Coupé, 1970

Porsche 911 (C- bis F-Serie) – (1970 bis 1973)

Im sechsten Produktionsjahr wurden die Motoren aller 911er auf 2,2 Liter aufgebohrt. Als Korrosionsschutz waren die Bodengruppen verzinkt und mit PVC besprüht.
Im Modelljahr 1971 (D-Serie) fanden nur kleine Änderungen statt, doch mit der E-Serie von 1972 wuchs der Hubraum durch einen um 4,4 mm verlängerten Hub auf 2341 cm^3. Damit kam der 911 T auf 130 PS, der 911 E auf 165 und der 911 S auf 190 PS. Für eine bessere Gewichtsverteilung wurde der Öltank vor die Hinterachse verlegt und mit einem außen liegenden Einfülldeckel versehen – der im Folgejahr wieder verschwand, weil ihn viele mit dem Deckel des Kraftstofftanks verwechselten.

Ebenfalls 1973 kam nach neun Jahren wieder ein Carrera – diesmal allerdings mit einem lediglich im Hubraum auf 2687 cm^3 vergrößerten OHC-Sechszylinder, der 210 PS abgab. Viel Wert wurde beim 911 Carrera RS auf Gewichtsersparnis gelegt, sodass dünnere Bleche und Fenster sowie eine Motorhaube mit integriertem Spoiler aus Kunststoff zum Einsatz kamen. Sowohl in der Touring- als auch in der Sportversion wurden erstmals im Serien-Automobilbau unterschiedlich große Räder verwendet: Vorne fanden sich 185/70 VR 15 Reifen auf 6 Zoll breiten Felgen, während hinten 215/60 VR 15 Reifen auf 7 Zoll-Felgen montiert waren. Ebenfalls erstmals lag (bei allen Modellen) ein faltbares Notreserverad im Kofferaum, sodass der Tank auf 85 Liter vergrößert werden konnte.

Porsche 911 S Targa, 1973

Porsche 911 (C- bis F-Serie) T und E (1970 bis 1973)

Konkurrenzmodelle: Alfa Romeo Giulia 1600 Sprint, Alpine 1300 S, Mercedes 280-350 SL, Datsun 240 Z, Fiat Dino, Jaguar E-Type, Matra-Simca Bagheera, Volvo 1800 E

	911 (C- bis F-Serie) T	911 (C- bis F-Serie) E
Typ	2+2-Sitzer Coupé oder Targa	
Motor	OHC, längs hinter der Hinterachse eingebaut, Gebläsekühlung, Trockensumpfschmierung	
Motortyp	911/03 und 57	911/01 und 52
Zylinderzahl	6 Zylinder Boxer	
Bohrung x Hub mm	bis 08/1971: 84 x 66, ab 09/1971: 84 x 70,4	
Hubraum cm^3	bis 08/1971: 2195, ab 09/1971: 2341	
Verdichtung	bis 08/1971: 8,6 : 1, ab 09/1972: 7,5 : 1	bis 08/1971: 9,1 : 1, ab 09/1972: 8,0 : 1
Leistung PS/kW bei U/min	bis 08/1971: 125/92 bei 5800 ab 09/1971: 130/96 bei 5600	155/114 bei 6200 165/121 bei 6200
max. Drehmoment Nm bei U/min	bis 08/1971: 176 bei 4200 ab 09/1971: 196 bei 4000	191 bei 4500 206 bei 4600
Gemischaufbereitung	2 Dreifach-Fallstromvergaser Weber 40 IDT-3C, ab 09/1971: Solex-Zenith 40 TIN	Bosch Saugrohreinspritzung
Lichtmaschine	12 V 770 W	
Antrieb	synchronisiertes Vier- oder Fünfganggetriebe, Knüppelschaltung, Heckantrieb, auf Wunsch Kupplungsautomatik	
Fahrwerk	selbsttragende Stahlkarosserie	
Lenkung	Zahnstange 17,78 : 1	
Radaufhängung vorne	Querlenker unten, Längs-Federstäbe, hydraulische – auf Wunsch hydropneumatische Stoßdämpfer, auf Wunsch Stabilisator	
Radaufhängung hinten	Längslenker, Quer-Drehstäbe, hydraulische – auf Wunsch hydropneumatische Stoßdämpfer, auf Wunsch Stabilisator	
Bremsen	4 innenbelüftete Scheiben vorne 282, hinten 290 mm, 2-Kolben-Festsättel	
Räder	5.5J 15 oder 6J x 15	6J x 15
Reifen	165 HR 15 oder 185/70 VR 15	185/70 VR 15
Abmessungen L x B x H mm	4163 x 1610 x 1320	
Radstand mm	2268, ab 09/1972: 2271	
Spurweite vorne/hinten mm	1362/1343	1374/1355
Wendekreis m	10,9	
Leergewicht kg	1020-1050	1075
Zul. Gesamtgewicht kg	1400	
Tankinhalt l	62, ab 09/1973: 85	
Höchstgeschwindigkeit km/h	205	220

	911 (C- bis F-Serie) T	(C- bis F-Serie) E
Beschleunigung 0–100 km/h in sec.	10	8,5
Verbrauch l/100 km	14,5 bis 16	
Leistungsgewicht kg/PS	8,1	6,5
Sonstiges		
Produktionszeitraum	09/1971 bis 08/1974	
Produktionszahlen	911 T Coupé : 21.182, Targa: 15.147, 911 E Coupé : 5500, Targa: 3780	
Vorgängermodell	911 (1991 ccm)	
Nachfolgemodell	911 G-Serie	
Preise (09/1971) in DM	Coupé: 22.980 Targa: 25.200	25.980 28.200

Porsche 911 Carrera RS Touring und Sport (1973 bis 1975)

Konkurrenzmodelle: Ferrari 308 GT4, Lancia Stratos

	911 Carrera RS Touring	911 Carrera Sport
Typ	2-Sitzer Coupé	
Motor	OHC, längs hinter der Hinterachse eingebaut, Gebläsekühlung, Trockensumpfschmierung	
Motortyp	Typ 911/83	
Zylinderzahl	6 Zylinder Boxer	
Bohrung x Hub mm	90 x 70,4	
Hubraum cm^3	2687	
Verdichtung	8,5 : 1	
Leistung PS/kW bei U/min	210/154 bei 6300	
max. Drehmoment Nm bei U/min	255 bei 5100	
Gemischaufbereitung	Mechanische Bosch Saugrohreinspritzung	
Lichtmaschine	12 V 770 W	
Antrieb	synchronisiertes Fünfganggetriebe, Knüppelschaltung, Heckantrieb	
Fahrwerk	selbsttragende Stahlkarosserie	
Lenkung	Zahnstange 17,78 : 1	
Radaufhängung vorne	Querlenker unten, Längs-Drehstäbe, hydraulische Stoßdämpfer, Stabilisator	
Radaufhängung hinten	Längslenker, Quer-Drehstäbe, hydraulische Stoßdämpfer, Stabilisator	
Bremsen	4 innenbelüftete Scheiben vorne 282, hinten 290 mm, 2-Kolben-Festsättel	
Räder vorne – hinten	6 J – 7 J x 15	
Reifen vorne – hinten	185/70 VR 15 – 215/60 VR 15	
Abmessungen L x B x H mm	4147 x 1652 x 1320	
Radstand mm	2271	

	911 Carrera RS Touring	911 Carrera Sport
Spurweite vorne/hinten mm	1372/1394	
Wendekreis m	10,9	
Leergewicht kg	960	1075
Zul. Gesamtgewicht kg	1400	
Tankinhalt l	85	
Höchstgeschwindigkeit km/h	240	245
Beschleunigung 0–100 km/h in sec.	5,8	6,3
Verbrauch l/100 km	17	
Leistungsgewicht kg/PS	4,6	5,1
Sonstiges		
Produktionszeitraum	09/1973 bis 08/1975	
Produktionszahlen	Touring (M 472): 1308, Modelljahre 74/75: 2144, Sportversion (M 471): 217	
Vorgängermodell	356 C Carrera	
Nachfolgemodell	911 Carrera RS 3.0	
Preise (08/1972) in DM	34.000	

Porsche 911 Carrera RS 2.7, 1973

Porsche 911 (G-Serie) – (1974 bis 1989)

Zunächst fielen die großen Stoßstangen auf, die aufgrund amerikanischer Zulassungsbestimmungen eingeführt wurden. Unter der Haube leistete bei allen Modellen ein 2,7 Liter-Motor zwischen 150 und 210 PS. Außer dem Carrera RS verfügten alle Wagen jetzt über eine K-Jetronic-Einspritzung von Bosch. Ein Fünfganggetriebe fand sich nur noch beim Carrera serienmäßig, bei den beiden anderen (die jetzt nur noch 911 [ehemals 911 T] und 911 S [ehemals 911 E] hießen) kostete es wie die Sportomatic extra. Alle Versionen waren sowohl als Coupé wie auch als Targa erhältlich. Neben den Stoßstangen sorgten auch in die Sitze integrierte Kopfstützen und automatische Gurte sowie eine große Prallfläche auf dem Lenkrad für mehr Sicherheit. Um mit dem Carrera im Sport wettbewerbsfähig zu bleiben, wurde zunächst in einer Kleinserie sein Motor auf 3 Liter Hubraum vergrößert und der Wagen 911 Carrera RS 3.0 getauft.

Im fünfundzwanzigsten Zuffenhausener Produktionsjahr stellte Porsche seinen ersten Serienwagen mit Aufladung vor: den 911 Turbo (der intern als 930 bezeichnet wurde). Dieser schöpfte aus dem in der Grundverdichtung reduzierten Dreilitermotor 260 PS und 345 Nm Drehmoment, was gegenüber dem Carrera 3.0 einer Steigerung um 30 PS und 70 Nm entsprach – und das bei geringeren Drehzahlen. Aufgrund dieser Leistungsentfaltung war man bei Porsche der Meinung, dass ein Vierganggetriebe völlig ausreicht. Allerdings wusste man auch, dass für die Entfaltung der gesamten Turbo-Potenz ein überarbeitetes Fahrwerk nötig wurde – also verstärkte man die aus Aluminium bestehenden Quer- und Längslenker und verbreiterte die Karosserie um 12 Zentimeter, damit die durch Unterlegscheiben in der Spur verbreiterten Räder Platz in den Kotflügeln fanden.

1976 gab es den 911er nur noch als Basisversion mit 165 PS, als RS 3.0 Carrera mit 200 PS und als 911 Turbo mit 260 PS. Nur für den amerikanischen Markt kam erneut der 912 auf den Markt, diesmal mit dem VW-Motor des ausgelaufenen 914-2.0, doch mangels Nach-

Porsche 911 SC – 911 Turbo, 1978

frage wurde er nach einem Jahr wieder eingestellt. 1977 wurden der Turbo auf 16-Zoll-Räder gestellt und bei den Targas die Ausstellfenster abgeschafft.
1978 gab es nur noch einen Saugmotor – im 911 SC. Das Kürzel deutet bereits an, dass es sich um eine Kreuzung aus Sport und Carrera handelt. Der Turbo-Motor war in Bohrung und Hub gewachsen, sodass er jetzt erstmals mit einem Ladeluftkühler versehen aus 3,3 Litern 300 PS schöpfte – und weiterhin nur mit Vierganggetriebe angeboten wurde.
Außer in Wagenfarbe lackierten Lampenringen und schwarz eloxiertem Targa-Bügel änderte sich 1979 nichts, und in den drei Folgejahren wurden die Motoren geringfügig überarbeitet, um einerseits mehr Leistung und andererseits einen geringeren Verbrauch zu erreichen.
1983 kam das erste Cabriolet auf Basis des 911 SC auf den Markt. Die Targa-Version wurde weiterhin angeboten. Wer auf seinen ohnehin schon über 110.000 DM teuren Turbo weitere 70.000 DM drauflegte, bekam ab Werk einen »Flachbau« mit 30 Zusatz-PS, Klappscheinwerfern und Lüftungsgittern – 950 Kunden ließen sich dieses Angebot nicht entgehen.
Im zwanzigsten Produktionsjahr wurde der 911 SC durch den Carrera 3.2 ersetzt, der 231 PS mobilisierte – eine auf 20 Exemplare limitierte Homologations-Version namens 911 SC/RS brachte es mit dem getunten Dreilitermotor auf 250 PS bei knapp einer Tonne Leergewicht. Wer den Saugmotor mit dem Aussehen des Turbos vereinen wollte, konnte seinen Carrera auch in der »Turbolook«-Version ordern – ab 1985 ebenfalls in der Cabriolet- oder Targa-Variante.
Nachdem Porsche bereits 1981 eine siebenjährige Garantie gegen Durchrostung gegeben hatte, wurde diese ab 1986 auf zehn Jahre verlängert, zudem war der Carrera erstmals in Deutschland mit Katalysator lieferbar, verlor aber durch die Umstellung von 98 Oktan auf Normalbenzin 25 PS Leistung. Dieses Manko wurde ein Jahr später auf 15 PS verringert, da der Motor jetzt auf bleifreies Super ausgelegt war. Eine Viertelmillion 911er war im Sommer 1987 Anlass für eine limitierte Sonderserie in diamantblau und mit Sonderausstattung. Das Cabriolet konnte auf Wunsch elektrisch geschlossen und geöffnet werden. Den Turbo gab es in allen drei Karosserievarianten, und vom Carrera wurde eine »Club Sport«-Version angeboten, die von luxuriösem Zubehör befreit 100 kg leichter als die Grundversion war. In die gleiche Richtung ging der ab 1989 ausgelieferte 911 Speedster: Eine flache Windschutzscheibe und ein manuell zu bedienendes Notverdeck wiesen ihn als Nachfolger des legendären offenen 356er aus. In Deutschland wurde er allerdings nur in der »Turbolook«-Variante mit Breitreifen und entsprechend ausgebeulten Radkästen angeboten.

Porsche 911 Turbo, 1976

Porsche 911 Turbo 3.0 und 3.3 (1975 bis 1990)

Konkurrenzmodelle: Mazda RX7, Datsun 280 ZX, Ferrari 308 GTB, Renault Alpine A 310

	911 Turbo 3.0	911 Turbo 3.3
Typ	2+2-Sitzer Coupé	
Motor	OHC, längs hinter der Hinterachse eingebaut, Gebläsekühlung, Trockensumpfschmierung	
Motortyp	930/50 und 52	930/60 und 66
Zylinderzahl	6 Zylinder Boxer	
Bohrung x Hub mm	95 x 70,4	97 x 74,4
Hubraum cm³	2994	3299
Verdichtung	6,5 : 1	7,0 : 1
Leistung PS/kW bei U/min	260/191 bei 5500	300/221 bei 5500
max. Drehmoment Nm bei U/min	343 bei 4000	412 bis 430 bei 4000
Gemischaufbereitung	Bosch K-Jetronic Saugrohreinspritzung, Turbolader, ab 09/1977 mit Ladeluftkühler	
Lichtmaschine	12 V 980 W	12 V 980 bis 1260 W
Antrieb	synchronisiertes Vierganggetriebe, Knüppelschaltung, Heckantrieb, auf Wunsch Sperrdifferenzial; ab 09/1988 Fünfganggetriebe	
Fahrwerk	selbsttragende Stahlkarosserie	
Lenkung	Zahnstange 17,78 : 1	
Radaufhängung vorne	Querlenker unten, Längs-Drehstäbe, Stabilisator, hydraulische Stoßdämpfer	
Radaufhängung hinten	Längslenker, Quer-Drehstäbe, Stabilisator, hydraulische Stoßdämpfer	
Bremsen	4 innenbelüftete Scheiben vorne 282, hinten 290, 2-Kolben-Festsättel	4 innenbelüftete, gelochte Scheiben vorne 304, hinten 309 mm, 4-Kolben-Festsättel
Räder vorne – hinten	7J - 8J x 15, ab 09/1976: 7J - 8J x 16, ab 09/1985: 7J - 9J x 16	
Reifen vorne – hinten	180/70 VR 15 – 215/60 VR 15, ab 09/76: 205/55 VR 16 – 225/50 VR 16, ab 09/1985: 205/55 VR 16 – 245/45 VR 16	
Abmessungen L x B x H mm	4192 x 1757 x 1320	
Radstand mm	2272	
Spurweite vorne/hinten mm	1438/1511, ab 09/1985: 1432/1492	
Wendekreis m	11	
Leergewicht kg	1140 bis 1195	1300 bis 1335
Zul. Gesamtgewicht kg	1470 bis 1525	1680
Tankinhalt l	80	
Höchstgeschwindigkeit km/h	250	260
Beschleunigung 0–100 km/h in sec.	5,5	5,4
Verbrauch l/100 km	19 bis 20	
Leistungsgewicht kg/PS	4,4 bis 4,6	4,3 bis 4,45

	911 Turbo 3.0	911 Turbo 3.3
Sonstiges		
Produktionszeitraum	09/1974 bis 08/1976	09/1976 bis 08/1990
Produktionszahlen	2850	18.739
Vorgängermodell	–	
Nachfolgemodell	911 (Typ 964) Turbo	
Preise in DM	3.0 (08/1974): 65.800	3.3 (08/1979): 82.950 3.3 (08/1983): 102.000 3.3 (03/1986): 125.000 3.3 Flachbau (09/1986): 202.330

Porsche 911 SC 3.0 Targa, 1982

Porsche 911 SC 3.0 (1978 bis 1983)

Konkurrenzmodelle: Audi Quattro, Ferrari 308 GTB, Mercedes 380 SLC, Renault Alpine A 310

	911 SC 3.0
Typ	2+2-Sitzer Coupé, Cabrio oder Targa
Motor	OHC, längs hinter der Hinterachse eingebaut, Gebläsekühlung, Trockensumpfschmierung
Motortyp	930/09 und 10
Zylinderzahl	6 Zylinder Boxer
Bohrung x Hub mm	95 x 70,4
Hubraum cm^3	2994
Verdichtung	8,6 : 1 – ab 09/1981: 9,8 : 1
Leistung PS/kW bei U/min	188/138 bei 5500 – ab 09/1981: 204/150 bei 5900
max. Drehmoment bei U/min	266 bei 4200
Gemischaufbereitung	Bosch K-Jetronic Saugrohreinspritzung
Lichtmaschine	12 V 980 W
Antrieb	synchronisiertes Fünfganggetriebe, Knüppelschaltung, Heckantrieb, auf Wunsch Sperrdifferenzial
Fahrwerk	selbsttragende Stahlkarosserie
Lenkung	Zahnstange 17,78 : 1
Radaufhängung vorne	Querlenker unten, Längs-Drehstäbe, Stabilisator, hydraulische Stoßdämpfer
Radaufhängung hinten	Längslenker, Querfederstäbe, Stabilisator, hydraulische Stoßdämpfer
Bremsen	4 innenbelüftete Scheiben vorne 282, hinten 290 mm, 2-Kolben-Festsättel
Räder vorne – hinten	6J – 7J x 15, auf Wunsch und ab 09/1981 Serie : 7J – 8J x 16
Reifen vorne – hinten	185/70 VR 15 – 215/60 VR 15, auf Wunsch und ab 09/1981 Serie: 205/55 VR 16 – 225/50 VR 16
Abmessungen L x B x H mm	4191 x 1692 x 1320
Radstand mm	2272
Spurweite vorne/hinten mm	1369/1379
Wendekreis m	11
Leergewicht kg	1160
Zul. Gesamtgewicht kg	1500
Tankinhalt l	80
Höchstgeschwindigkeit km/h	225, ab 09/1981: 235
Beschleunigung 0–100 km/h in sec.	7
Verbrauch l/100 km	12 bis 14
Leistungsgewicht kg/PS	6,45 bis 5,7

	911 SC 3.0
Sonstiges	
Produktionszeitraum	09/1978 bis 08/1983
Produktionszahlen	57.585
Vorgängermodell	–
Nachfolgemodell	911 Carrera 3.2
Preise in DM	Coupé (06/1977): 39.900; (03/1983): 57.800 Targa:(06/1977): 42.700; (03/1983): 60.620 Cabrio: (03/1983) 64.500

Porsche 911 SC 3.0 Cabrio, 1983

Porsche 911 Carrera 3.2 Targa, 1984

Porsche 911 Carrera 3.2 (1984 bis 1989)

Konkurrenzmodelle: Audi Quattro, BMW 635, Jaguar XJS, Lotus Esprit, Mercedes 300/420 SL

	911 Carrera 3.2
Typ	2+2-Sitzer Coupé, Cabrio oder Targa
Motor	OHC, längs hinter der Hinterachse eingebaut, Gebläsekühlung, Trockensumpfschmierung
Motortyp	930/20
Zylinderzahl	6 Zylinder Boxer
Bohrung x Hub mm	95 x 74,4
Hubraum cm^3	3164
Verdichtung	10,3 :1 – mit Katalysator: 9,5
Leistung PS/kW bei U/min	231/170 bei 5900 – mit Katalysator: 207/152, ab 09/1987: 217/160 bei 5900
max. Drehmoment Nm bei U/min	284 (mit Katalysator 264) bei 4800
Gemischaufbereitung	Bosch L-Jetronic Saugrohreinspritzung
Lichtmaschine	12 V 1260 W
Antrieb	synchronisiertes Fünfganggetriebe, Knüppelschaltung, Heckantrieb, auf Wunsch Sperrdifferenzial
Fahrwerk	selbsttragende Stahlkarosserie
Lenkung	Zahnstange 17,78 : 1
Radaufhängung vorne	Querlenker unten, Längs-Drehstäbe, Stabilisator, hydraulische Stoßdämpfer
Radaufhängung hinten	Längslenker, Quer-Drehstäbe, Stabilisator, hydraulische Stoßdämpfer
Bremsen	4 innenbelüftete Scheiben vorne 282, hinten 290 mm, 2-Kolben-Festsättel
Räder vorne – hinten	6J – 7J x 15, auf Wunsch und ab 09/1988 Serie : 7J – 8J x 15; auf Wunsch und ab 09/1989 Serie: 6J – 8J x 16
Reifen vorne – hinten	185/70 VR 15 – 215/60 VR 15, auf Wunsch und ab 09/1988 Serie: 195/65 VR 15 – 205/60 VR 15; auf Wunsch und ab 09/1989 Serie: 205/55 VR 16 – 225/50 VR 16
Abmessungen L x B x H mm	4191 x 1692 x 1320
Radstand mm	2272
Spurweite vorne/hinten mm	1369/1379
Wendekreis m	11
Leergewicht kg	1160, ab 09/1986: 1210
Zul. Gesamtgewicht kg	1500, ab 09/1986: 1530
Tankinhalt l	80
Höchstgeschwindigkeit km/h	245, mit Katalysator: 235 bis 240
Beschleunigung 0–100 km/h in sec.	6,1, mit Katalysator: 6,5 bis 6,3
Verbrauch l/100 km	11 bis 15
Leistungsgewicht kg/PS	5 bis 5,25

	911 Carrera 3.2
Sonstiges	
Produktionszeitraum	09/1983 bis 08/1989
Produktionszahlen	74.026
Vorgängermodell	911 SC
Nachfolgemodell	911 Carrera 2 (Typ 964)
Preise in DM	Coupé (08/1983): 61.950; (04/1989): 86.000 Targa (08/1983): 64.950; (04/1989): 90.500 Cabrio(08/1983): 68.990; (04/1989): 96.800

Cockpit des Porsche Carrera 911

Porsche 911 Carrera Speedster Turbolook 3.2, 1989

Porsche 911 Carrera Speedster Turbolook 3.2 (1989)

Konkurrenzmodelle: AC Cobra, BMW Z1, Dodge Viper, Mercedes 300/500 SL, Morgan Plus 8

	911 Carrera Speedster Turbolook 3.2
Typ	2-Sitzer Cabriolet
Motor	OHC, längs hinter der Hinterachse eingebaut, Gebläsekühlung, Trockensumpfschmierung
Motortyp	930/20
Zylinderzahl	6 Zylinder Boxer
Bohrung x Hub mm	95 x 74,4
Hubraum cm^3	3164
Verdichtung	1:10,3 – mit Katalysator: 9,5
Leistung PS/kW bei U/min	231/170 bei 5900 – mit Katalysator: 217/160 bei 5900
max. Drehmoment Nm bei U/min	284 (mit Katalysator 264) bei 4800
Gemischaufbereitung	Bosch L-Jetronic Saugrohreinspritzung
Lichtmaschine	12 V 1260 W
Antrieb	synchronisiertes Fünfganggetriebe, Knüppelschaltung, Heckantrieb, auf Wunsch Sperrdifferenzial
Fahrwerk	selbsttragende Stahlkarosserie
Lenkung	Zahnstange 17,78 : 1
Radaufhängung vorne	Querlenker unten, Längs-Drehstäbe, Stabilisator, hydraulische Stoßdämpfer
Radaufhängung hinten	Längslenker, Quer-Drehstäbe, Stabilisator, hydraulische Stoßdämpfer
Bremsen	4 innenbelüftete, gelochte Scheiben, vorne 304, hinten 309 mm, 4-Kolben-Festsättel
Räder vorne – hinten	7J – 9J x 16
Reifen vorne – hinten	205/55 ZR 16 – 245/45 ZR 16
Abmessungen L x B x H mm	4191 x 1775 x 1220
Radstand mm	2272
Spurweite vorne/hinten mm	1369/1379
Wendekreis m	11
Leergewicht kg	1290
Zul. Gesamtgewicht kg	1530
Tankinhalt l	80
Höchstgeschwindigkeit km/h	245, mit Katalysator: 240
Beschleunigung 0–100 km/h in sec.	6,1, mit Katalysator: 6,3
Verbrauch l/100 km	11 bis 15
Leistungsgewicht kg/PS	5,6 bis 6
Sonstiges	
Produktionszeitraum	09/1988 bis 08/1989
Produktionszahlen	2103
Vorgängermodell	–
Nachfolgemodell	911 Carrera 2 Speedster (Typ 964)
Preis (04/1989) in DM	110.000 (Katalysator + 1575)

Porsche 911 (Typ 964) – (1989 bis 1993)

Zum Modelljahr 1989 wurde der 911 grundlegend überarbeitet – nach Aussage von Porsche waren 85 Prozent der Bauteile neu. Neue Stoßstangen und ein automatisch aus- und einfahrender Heckspoiler optimierten die Aerodynamik, rundherum Schraubenfedern und eine McPherson-Vorderradaufhängung sowie ABS verbesserten das Fahrverhalten und ein beim Carrera 4 vorhandener programmierbarer Allradantrieb optimierte die Traktion. Für den nötigen Vortrieb sorgte ein neu entwickelter 3,6-Liter-Motor mit 250 PS. Die erstmals beim 911 eingesetzte Servolenkung und verschiedene andere elektrische Helfer sowie eine verbesserte Heizung erhöhten den Komfort.

1990 erschien auch der heckgetriebene Carrera 2 als Typ 964. Durch den Wegfall des Transaxle-Vorderradantriebs war er 100 kg leichter als der Carrera 4, ansonsten waren beide Wagen identisch motorisiert und ausgestattet.

Im folgenden Jahr stand auch wieder ein Turbo im Programm, dessen bekanntes 3,3-Liter-Aggregat 320 PS erzeugte, die nur auf die Hinterräder verteilt wurden. Turbo-Porsche gab es zudem nur noch als Coupé.

Für echte Sportfahrer kam 1992 der Carrera RS ins Programm, der für weniger als 30.000 DM Aufpreis unter anderem 10 PS mehr leistete, 4 cm tiefer lag und um 130 kg abgespeckt war – fast 2300 Kunden entschieden

Porsche 911 Carrera 4 - 3.6 Cabrio, 1990

Porsche 911 Carrera 4 - 3.6 mit Allradantrieb

sich dafür. Noch exklusiver fuhr es sich im 911 Turbo S. Der an den 18-Zoll-Rädern und den Lufteinlässen vor den hinteren Kotflügeln zu erkennende Supersportler (381 PS, 290 km/h) wurde nur 86-mal produziert.
1993 wurde der Motor des 911 Turbo auf 3,6 Liter vergrößert – 360 PS waren das Ergebnis. Zudem kam der Speedster wieder ins Programm – diesmal mit der schmalen Carrera-Karosserie und fest montierter Windschutzscheibe. Der Carrera 4 erschien in einer Sonderedition »30 Jahre 911« mit »Turbo-Look«, edler Ausstattung und in einer limitierten Auflage von – wer hätte es gedacht: 911 Exemplaren. Der Sportler des Jahres hieß dieses Jahr 911 Carrera RS 3.8. Innen abgespeckt und außen mit breiten Kotflügeln und einem riesigen Flügel aufgerüstet, wurde der 300 PS starke Wagen 90-mal in Handarbeit gefertigt.
Nach vier Jahren und 93.750 Exemplaren wurde im Herbst 1993 der Typ 964 vom 993 abgelöst.

Porsche 911 Carrera 4 und Carrera 4 Turbolook »30 Jahre 911« (1989 bis 1993)

Konkurrenzmodelle: Audi Quattro, Ferrari 328/348, Honda NSX

	911 Carrera 4	911 Carrera 4 Turbolook
Typ	2+2-Sitzer Coupé, Cabrio oder Targa	
Motor	OHC, längs hinter der Hinterachse eingebaut, Gebläsekühlung, Trockensumpfschmierung, Doppelzündung	
Motortyp	M64/01	
Zylinderzahl	6 Zylinder Boxer	
Bohrung x Hub mm	100 x 76,4	
Hubraum cm3	3600	

	911 Carrera 4	911 Carrera 4 Turbolook
Verdichtung	11,3 : 1	
Leistung PS/kW bei U/min	250/184 bei 6100	
max. Drehmoment Nm bei U/min	310 bei 4800	
Gemischaufbereitung	Bosch DME sequenzielle Einspritzung	
Lichtmaschine	12 V 1610 W	
Antrieb	synchronisiertes Fünfganggetriebe, Knüppelschaltung, elektronisch geregelter Allradantrieb, variables Sperrdifferenzial	
Fahrwerk	selbsttragende Stahlkarosserie	
Lenkung	Zahnstange mit Servounterstützung	
Radaufhängung vorne	Querlenker, Schraubenfedern, McPherson-Federbeine, Stabilisator, Zweirohr-Stoßdämpfer	
Radaufhängung hinten	Schräglenker, Schraubenfedern, McPherson-Federbeine, Stabilisator, Zweirohr-Stoßdämpfer	
Bremsen	4 innenbelüftete Scheiben vorne 298, hinten 299 mm, 4-Kolben-Festsättel, ABS	
Räder vorne – hinten	6J – 8J x 16, auf Wunsch: 7J – 8J x 17	7J – 9J x 17
Reifen vorne – hinten	205/55 ZR 16 – 225/50 ZR 16, auf Wunsch, bzw. bei Turbolook Serie: 205/50 ZR 17 – 255/40 ZR 17	
Abmessungen L x B x H mm	4250 x 1652 x 1310	4250 x 1775 x 1310
Radstand mm	2272	
Spurweite vorne/hinten mm	1380/1374	1434/1493
Wendekreis m	11,8	
Leergewicht kg	1450	1500
Zul. Gesamtgewicht kg	1790	1810
Tankinhalt l	77	
Höchstgeschwindigkeit km/h	260	255
Beschleunigung 0–100 km/h in sec.	5,7	
Verbrauch l/100 km	9 bis 18	
Leistungsgewicht kg/PS	5,8	6,0
Sonstiges		
Produktionszeitraum	09/1989 bis 12/1993	
Produktionszahlen	19.284	911 (+ 174 Turbolook)
Vorgängermodell	911 Carrera (G-Serie)	
Nachfolgemodell	911 Carrera 4 (Typ 993)	
Preise in DM	Coupé (08/1989): 116.600 (03/1993): 139.340 Targa (08/1989): 121.800 (03/1993): 145.410 Cabrio(08/1989): 131.100 (03/1993): 156.200	(03/1993): 145.900

Porsche 911 Carrera 2 (1989 bis 1993) und Carrera RS (1991 bis 1993)

Konkurrenzmodelle: Mercedes 300 SL, Mitsubishi 3000 GT, Toyota Supra

	911 Carrera 2	911 Carrera RS
Typ	2+2-Sitzer Coupé, Cabriolet oder Targa	2-Sitzer Coupé
Motor	OHC, längs hinter der Hinterachse eingebaut, Gebläsekühlung, Trockensumpfschmierung, Doppelzündung	
Motortyp	M64/01	M64/03
Zylinderzahl	6 Zylinder Boxer	
Bohrung x Hub mm	100 x 76,4	
Hubraum cm³	3600	
Verdichtung	1 zu 11,3	
Leistung PS/kW bei U/min	250/184 bei 6100	260/191 bei 6100
max. Drehmoment Nm bei U/min	310 bei 4800	325 bei 4800
Gemischaufbereitung	Bosch DME sequenzielle Einspritzung	
Lichtmaschine	12 V 1610 W	
Antrieb	synchronisiertes Fünfgang-getriebe, Knüppelschaltung, Heckantrieb, auf Wunsch	Serie: Sperrdifferenzial
Fahrwerk	selbsttragende Stahlkarosserie	
Lenkung	Zahnstange mit Servounterstützung	
Radaufhängung vorne	Querlenker, Schraubenfedern, McPherson-Federbeine, Stabilisator, Zweirohr-Stoßdämpfer	
Radaufhängung hinten	Schräglenker, Schraubenfedern, McPherson-Federbeine, Stabilisator, Zweirohr-Stoßdämpfer	
Bremsen	4 innenbelüftete Scheiben vorne 298, hinten 299 mm	4 innenbelüftete, gelochte Scheiben 322/299 mm – 4-Kolben-Festsättel, ABS
Räder vorne – hinten	6J – 8J x 16, auf Wunsch: 7J – 8J x 17	7,5J – 9J x 17
Reifen vorne – hinten	205/55 ZR 16 – 225/50 ZR 16, auf Wunsch bzw. bei RS Serie: 205/50 ZR 17 – 255/40 ZR 17	
Abmessungen L x B x H mm	4250 x 1652 x 1310	4275 x 1652 x 1270
Radstand mm	2272	
Spurweite vorne/hinten mm	1380/1374	1379/1380
Wendekreis m	11	
Leergewicht kg	1350/1220	
Zul. Gesamtgewicht kg	1690/1420	
Tankinhalt l	77	77, auf Wunsch 92
Höchstgeschwindigkeit km/h	260	
Beschleunigung 0–100 km/h in sec.	5,7	5,3

	911 Carrera 2	911 Carrera RS
Verbrauch l/100 km	9 bis 18	
Leistungsgewicht kg/PS	5,4	4,7
Sonstiges		
Produktionszeitraum	09/1989 bis 12/1993	09/1991 bis 08/1992
Produktionszahlen	32.766	2282
Vorgängermodell	911 Carrera (G-Serie)	
Nachfolgemodell	911 Carrera (Typ 993)	
Preise in DM	Coupé (08/1989): 103.500 (03/1993): 125.760 Targa (08/1989): 108.700 (03/1993): 131.530 Cabrio (08/1989): 118.000 (03/1993): 142.620	Coupé (08/1991): 145.450

911 Carrera 2 - 3.6 Targa, 1993

Porsche 911 Turbo 3.3 (1990 bis 1992) und Turbo 3.6 (1992 bis 1993)

Konkurrenzmodelle: BMW 850, Ferrari 348/Modial, Lotus Esprit Turbo

	911 Turbo 3.3	911 Turbo 3.6
Typ	2+2-Sitzer Coupé	
Motor	OHC, längs hinter der Hinterachse eingebaut, Turbolader mit Ladeluftkühler, Gebläsekühlung, Trockensumpfschmierung	
Motortyp	M30/69	M64/50
Zylinderzahl	6 Zylinder Boxer	
Bohrung x Hub mm	97 x 74,4	100 x 76,4
Hubraum cm^3	3299	3600
Verdichtung	1 zu 7,0	1 zu 7,5
Leistung PS/kW bei U/min	320/235 bei 5750	360/265 bei 5500
max. Drehmoment Nm bei U/min	450 bei 4500	520 bei 4200
Gemischaufbereitung	Bosch K-Jetronic-Einspritzung, Turbolader mit Ladeluftkühler	
Lichtmaschine	12 V 1610 W	
Antrieb	synchronisiertes Fünfganggetriebe, Knüppelschaltung, Heckantrieb, Sperrdifferenzial	
Fahrwerk	selbsttragende Stahlkarosserie	
Lenkung	Zahnstange mit Servounterstützung	
Radaufhängung vorne	Querlenker, Schraubenfedern, McPherson-Federbeine, Stabilisator, Zweirohr-Stoßdämpfer	
Radaufhängung hinten	Schräglenker, Schraubenfedern, McPherson-Federbeine, Stabilisator, Zweirohr-Stoßdämpfer	
Bremsen	4 innenbelüftete, gelochte Scheiben 322/299 mm, 4-Kolben-Festsättel, ABS	
Räder vorne – hinten	7J – 9J x 17	8J – 10J x 18
Reifen vorne – hinten	205/50 ZR 17 – 255/40 ZR 17	225/40 ZR 18 – 265/35 ZR 18
Abmessungen L x B x H mm	4250 x 1775 x 1310	4275 x 1775 x 1290
Radstand mm	2272	
Spurweite vorne/hinten mm	1434/1493	1442/1488
Wendekreis m	11,5	
Leergewicht kg	1470	
Zul. Gesamtgewicht kg	1810	
Tankinhalt l	77	77, auf Wunsch 92
Höchstgeschwindigkeit km/h	270	280
Beschleunigung 0–100 km/h in sec.	5,0	4,8
Verbrauch l/100 km	9 bis 21	
Leistungsgewicht kg/PS	4,6	4,1
Sonstiges		
Produktionszeitraum	09/1990 bis 08/1992	09/1992 bis 12/1993

	911 Turbo 3.3	911 Turbo 3.6
Produktionszahlen	3666	1437
Vorgängermodell	911 Turbo (G-Serie)	
Nachfolgemodell	911 Turbo (Typ 993)	
Preise in DM	(07/1990): 178.500 Turbo S 3.3 Leichtbau: (08/1991): 295.000	(08/1992): 204.000 Turbo 3.6 Flachbau: (09/1993): 290.000

Porsche 911 Turbo 3.3 Coupé, 1992

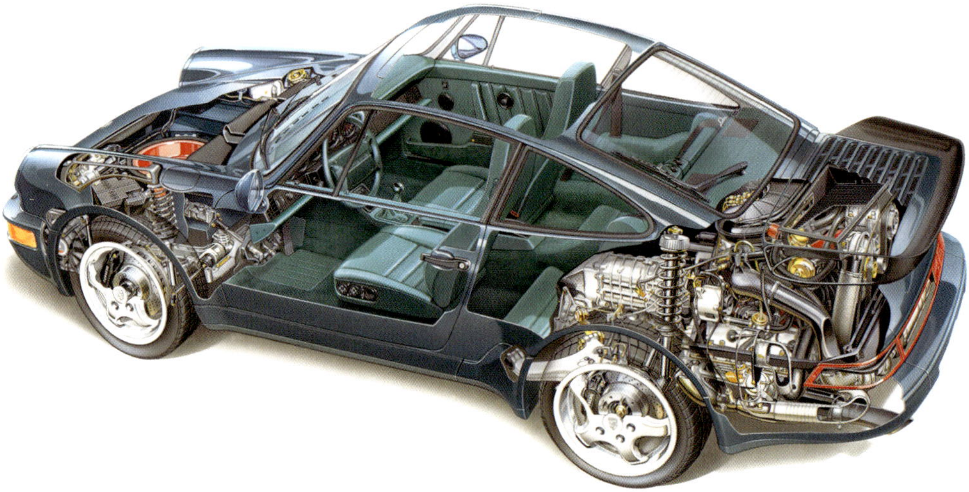

Porsche 911 Turbo, 1992

Porsche 911 (Typ 993) – (1993 bis 1998)

Der im Herbst 1993 vorgestellte neue 911 fiel durch eine abgerundete Front mit integrierter Stoßstange, gewölbter Kofferraumhaube (dadurch mehr Volumen) und flacher stehenden Elipsoid-Scheinwerfern auf. Unter den ebenfalls neu gestalteten hinteren Kotflügeln fand sich eine neue »LSA«- (Leichtbau-Stablenker-Achssystem) Mehrlenkerachse. Der Motor wurde geringfügig überarbeitet und leistete im neuen Carrera 272 PS. Ab Frühjahr 1994 war der Carrera auch wieder als Cabriolet erhältlich. Neben dem serienmäßigen neuen Sechsganggetriebe war auch eine Viergang-Tiptronic erhältlich. Ende 1994 wurde auch der allradgetriebene Carerra 4 in der neuen 993er Form angeboten. Die Visco-Lamellenkupplung leitete je nach Bedarf bis zu 40 Prozent der Motorleistung auf die Vorderräder. Die erforderliche Mechanik wog mit 50 kg nur noch halb so viel wie beim Vorgängermodell. Der jetzt ebenfalls generell allradgetriebene Turbo folgte im Frühjahr 1995, ebenso der Carrera RS (300 PS) und der mit Bi-Turbo-Aufladung auf 430 PS gebrachte GT 2 – alle nur als Coupé. Nur 14 Exemplare des Turbo wurden im Werk als Cabrio umgebaut. Ebenfalls auf Wunsch wurden Carrera 4-Modelle ab Werk mit einem auf 3,8 Liter vergrößerten Motor angeboten, deren Leistung bei 285 PS lag.

1996 leisteten auch die 3,6-Liter Aggregate 285 PS – dafür brachte es der weiterhin optional erhältliche 3,8-Liter-Motor jetzt auf genau 300 PS. Der Turbo wurde ab Werk auf Wunsch von 408 auf 430 PS getunt.

Im Sommer 1996 rollte der millionste Porsche vom Band. Beim neuen Targa schob sich das Glasdach elektrisch unter die Heckscheibe; gegen die starke Erwärmung unter der Glaskuppel halfen ein ebenfalls elektrisch betätigtes Rollo sowie eine verstärkte Klimaanlage.

1997 wurde der Carrera RS durch den weniger sportlichen Carrera S ersetzt, der aber ebenfalls die breite Turbo-Karosserie besaß. Für das Modelljahr 1998 wur-

Porsche 911 Carrera RS 3.8 (vorne), Clubsport (hinten), 1996

de zwar die neue 911-Generation mit Wasserkühlung präsentiert, doch für Freunde des Luft-Boxer bekamen der Turbo, die Carrera S und 4S sowie der Targa noch ein dreiviertel Jahr Gnadenfrist, sodass am 31. März 1998 nach über 400.000 Exemplaren der letzte gebläsegekühlte Porsche 911 produziert wurde.

Porsche 911 Carrera S, 1997

Porsche 911 Carrera (1993 bis 1997), Carrera RS (1994 bis 1996) und Carrera S (1996 bis 1998)

Konkurrenzmodelle: Ferrari 348, Maserati Ghibli, Mercedes 300/500 SL

	911 Carrera	911 Carrera RS	911 Carrera S
Typ	2+2-Sitzer Coupé, Cabriolet oder Targa	2-Sitzer Coupé	
Motor	OHC, längs hinter der Hinterachse eingebaut, Gebläsekühlung, Trockensumpfschmierung, Doppelzündung		
Motortypen	M64/05-21	M64/20	M64/21
Zylinderzahl	6 Zylinder Boxer		
Bohrung x Hub mm	100 x 76,4	102 x 76,4	100 x 76,4
Hubraum cm^3	3600	3764	3600
Verdichtung	11,3 (ab 09/1995: 11,5) : 1	11,5 : 1	11,5 : 1
Leistung PS/kW bei U/min	272/200 (ab 09/1995: 210/285 bei 6100)	300/221 bei 6500	285/210 bei 6500
max. Drehmoment Nm bei U/min	330 bei 5000 (ab 09/1995: 340 bei 5250)	355 bei 5400	340 bei 5250

	911 Carrera	911 Carrera RS	911 Carrera S
Gemischaufbereitung	Bosch DME Motronic M 2.10 sequenzielle Einspritzung (ab 09/1995: M 5.2)		
Lichtmaschine	12 V 1610 W		
Antrieb	synchronisiertes Sechsganggetriebe, auf Wunsch 4-Gang-Tiptronic (außer RS), Knüppelschaltung, Heckantrieb, GS mit Sperrdifferenzial		
Fahrwerk	selbsttragende Stahlkarosserie		
Lenkung	Zahnstange mit Servounterstützung		
Radaufhängung vorne	Querlenker, Schraubenfedern, McPherson-Federbeine, Stabilisator, Zweirohr-Stoßdämpfer		
Radaufhängung hinten	LSA-Vierlenker, Schraubenfedern, McPherson-Federbeine, Stabilisator, Zweirohr-Stoßdämpfer		
Bremsen	4 innenbelüftete, gelochte Scheiben vorne 304, hinten 299 mm	322/322 mm	304/299 – 4-Kolben-Festsättel, ABS
Räder vorne – hinten	7J – 9J x 16, auf Wunsch: 7J – 9J x 17	8J – 10J x 18	8J – 10J x 18
Reifen vorne – hinten	205/55 ZR 16 – 245/45 ZR 16, auf Wunsch 205/50 ZR 17 – 255/40 ZR 17	225/40 ZR 18 – 265/35 ZR 18	225/40 ZR 18 – 285/30 ZR 18
Abmessungen L x B x H mm	4245 x 1735 x 1300	4275 x 1735 x 1270	4245 x 1795 x 1285
Radstand mm		2272	
Spurweite vorne/hinten mm	1405/1444	1413/1452	1405/1536
Wendekreis m		12	
Leergewicht kg	1370	1270	1450
Zul. Gesamtgewicht kg	1710	1550	1740
Tankinhalt l	73,5; auf Wunsch 92	92	73,5; auf Wunsch 92
Höchstgeschwindigkeit km/h	270 – 275	277	270
Beschleunigung 0–100 km/h in sec.	5,6	5,0	5,4
Verbrauch l/100 km		9 bis 18	
Leistungsgewicht kg/PS	5,0	4,3	5,0
Sonstiges			
Produktionszeitraum	09/1993 bis 08/1997	09/1994 bis 08/1997	09/1996 bis 03/1998
Produktionszahlen	86.418	1014	3714
Vorgängermodell		911 Carrera (Typ 964)	
Nachfolgemodell		911 Carrera (Typ 996)	
Preise in DM	Coupé (08/1993): 125.760 Cabrio (03/1994): 142.620	Coupé (02/1995): 147.900	Coupé (08/1996): 137.500

Porsche 911 Turbo (1994 bis 1998) und Turbo S (1997 bis 1998)

Konkurrenzmodelle: Alpine A 610 Turbo, Aston Martin DB 7, BMW 850, Ferrari F 355, Mercedes SL 600

	911 Turbo	911 Turbo S
Typ	2+2-Sitzer Coupé	
Motor	OHC, längs hinter der Hinterachse eingebaut, Bi-Turbolader mit Ladeluftkühler, Gebläsekühlung, Trockensumpfschmierung	
Motortypen	M64/60	M64/60 S
Zylinderzahl	6 Zylinder Boxer	
Bohrung x Hub mm	100 x 76,4	
Hubraum cm³	3600	
Verdichtung	8,0 : 1	
Leistung PS/kW bei U/min	408/300 bei 5750	450/331 bei 6000
max. Drehmoment Nm bei U/min	540 bei 4500	585 bei 4500
Gemischaufbereitung	Bosch DME, Motronic 5.2, sequenzielle Einspritzung, Bi-Turbolader mit Ladeluftkühler	
Lichtmaschine	12 V 1610 W	
Antrieb	synchronisiertes Sechsganggetriebe, Knüppelschaltung, Allradantrieb mit Visco-Lamellenkupplung, Transaxle-Prinzip Sperrdifferenzial	
Fahrwerk	selbsttragende Stahlkarosserie	
Lenkung	Zahnstange mit Servounterstützung	
Radaufhängung vorne	Querlenker, Schraubenfedern, McPherson-Federbeine, Stabilisator, Zweirohr-Stoßdämpfer	
Radaufhängung hinten	Schräglenker, Schraubenfedern, McPherson-Federbeine, Stabilisator, Zweirohr-Stoßdämpfer	
Bremsen	4 innenbelüftete, gelochte Scheiben vorne 322, hinten 322 mm, 4-Kolben-Festsättel, ABS	
Räder vorne – hinten	8J – 10J x 18	
Reifen vorne – hinten	225/40 ZR 18 – 285/30 ZR 18	
Abmessungen L x B x H mm	4245 x 1795 x 1285	
Radstand mm	2272	
Spurweite vorne/hinten mm	1475/1550	1411/1504
Wendekreis m	11,7	
Leergewicht kg	1500	
Zul. Gesamtgewicht kg	1840	
Tankinhalt l	73,5; auf Wunsch 92	
Höchstgeschwindigkeit km/h	290	300
Beschleunigung 0–100 km/h in sec.	4,5	4,1
Verbrauch l/100 km	9 bis 24	
Leistungsgewicht kg/PS	3,3	3,1

	911 Turbo	911 Turbo S
Sonstiges		
Produktionszeitraum	04/1995 bis 03/1998	09/1997 bis 03/1998
Produktionszahlen	5978	345
Vorgängermodell	911 Turbo (Typ 964)	
Nachfolgemodell	911 Turbo (Typ 996)	
Preise in DM	(02/1995): 212.040	(08/1997) 304.650

Porsche 911 Turbo S, 1998

Porsche 911 Turbo, 1995

Porsche 911 (Typ 996) – (1997 bis 2004)

Im September 1997 wird ein neuer Porsche vorgestellt, der zwar optisch dem bekannten 911 ähnelt, aber bis auf einen im Heck sitzenden Sechzylinder-Boxermotor keinerlei Gemeinsamkeiten mit dem Vorgänger hat. Der intern 996 genannte Typ führt die bekannte Ziffernfolge 911 jedoch weiter.

Der neue, nur in den Grundzügen dem Boxster-Triebwerk ähnelnde wassergekühlte DOHC-Vierventil-Motor mit variabler Einlassnockenwellen-Steuerung ist weiterhin mit einer Trockensumpfschmierung ausgerüstet (die allerdings keinen separaten Tank mehr erfordert) und leistet in der Basisversion als 3,4 Liter-Sauger zunächst exakt 300 PS. Eine Wasserkühlung war zum einen notwendig geworden, um immer rigider werdende Geräuschvorschriften einhalten zu können, zum anderen wurde sie aber auch bei der (endlich) zeitgemäßen Vierventiltechnik unumgänglich, da eine Gebläsekühlung hier nicht mehr ausreichte. Die Mehrleistung und das um 50 kg verringerte Gewicht des Aggregates fand die Kundschaft in Ordnung, den weitgehenden Verlust des Porsche-Sounds dagegen aber weniger.

Erstmals seit 1972 wurde der Radstand (um 7,8 cm) verlängert – die Gesamtlänge wuchs gar um über 18 cm; dies sorgte für deutlich mehr Platz im Wagen. Im Zuge der Gleichteile-Strategie des neuen Porsche-Chefs Wendelin Wiedeking wurden viele Teile der Karosserie einschließlich der Bodengruppe bis zur B-Säule vom bereits ein Jahr zuvor vorgestellten Boxster übernommen. In den Augen vieler Kritiker unterschied sich der neue 911er zu wenig vom wesentlich preiswerteren Mittelmotor-Porsche. Kritik gab es zudem an der Verarbeitungsqualität und den unübersichtlichen Instrumenten (der analoge Tacho war so klein, dass im zentralen Drehzahlmesser eine Digitalanzeige untergebracht werden musste).

Porsche 911 Carrera Cabrio, 1998

Das Carrera-Cabrio mit voll-elektrischem Verdeck war ab April 1998 lieferbar, im Oktober folgte der Carrera 4 mit Allradantrieb, den es auch in einer auf 911 Stück limitierten Millenium-Edition gab. Im Mai 1999 erschien der RS-Nachfolger GT 3 mit dem neuen 360 PS starken 3,6-Liter-Motor (dessen Rumpf wieder auf dem 993-Triebwerk basierte und einen Öltank erforderte). Acht Monate später folgte nach einem Jahr Turboloch der neue 911 Turbo, bei dem erstmals die Scheinwerfer geändert waren, um den 911er vom Boxster abzusetzen. 420 PS waren Werte, die einen permanenten Allradantrieb sinnvoll erscheinen ließen. Erstmals war der Turbo mit der neuen 5-Gang-Tiptronic lieferbar.
Im Herbst 2000 war der GT 2 lieferbar, dessen Turbo-Aggregat 462 PS abgab – nur über ein Sechsgang-Schaltgetriebe und nur auf die Hinterräder. Verzögert wurde das 320 km/h schnelle Geschoss über neu entwickelte Keramik-Bremsen.

Zum Modelljahr 2002 erhielten auch die Carrera-Modelle die abgerundeten Turbo-Scheinwerfer sowie neu gestaltete Bug- und Heckverkleidungen. Unter der Motorhaube lag jetzt der neue 3,6 Liter-Motor mit 4,8 mm mehr Hub und 320 PS (der sonst nichts mit dem weiterhin gebauten kurzhubigen 3,6 Liter-Turbo gemein hatte). Es erschien ein neuer Targa, dessen Heckscheibe sich erstmals zur besseren Beladung des Wagens öffnen ließ. Der Carrera 4S basierte auf der Karrosserie des Turbos; ein Jahr später war dieser Wagen auch als Cabrio erhältlich. Zum Modelljahr 2004 gab es erstmals seit 1989 auch wieder den Turbo serienmäßig mit Stoffverdeck. Die auf Wunsch lieferbaren 450 PS brachten den offenen Wagen auf 290 km/h (geschlossen auf 305 km/h). Da der 911 jetzt seit 40 Jahren gebaut wurde, entstanden 1963 Exemplare des Carrera-Sondermodells »40 Jahre 911« mit reichlich Luxus-Ausstattung.

Porsche 911 Carrera (1997 bis 2004) und Carrera 4 (1998 bis 2004)

Konkurrenzmodelle: Aston Martin DB 7, Ferrari F 355/360, Honda NSX, Jaguar XK, Maserati GT, Mercedes SL 500/600

	911 Carrera	911 Carrera 4
Typ	2+2-Sitzer Coupé oder Cabriolet	
Motor	DOHC, längs hinter der Hinterachse eingebaut, Wasserkühlung, Trockensumpfschmierung	
Motortyp	M96/01 (ab 09/2001: M96/03)	M96/02 (ab 09/2001: M96/03)
Zylinderzahl	6 Zylinder Boxer	
Bohrung x Hub mm	96 x 78 (ab 09/2001: 96 x 82,8)	
Hubraum cm³	3387 (ab 09/2001: 3596)	
Verdichtung	11,3 : 1	
Leistung PS/kW bei U/min	300/221 (ab 09/2001: 320/235 bei 6800)	
max. Drehmoment Nm bei U/min	350 bei 4600 (ab 09/2001: 370 bei 4250)	
Gemischaufbereitung	Bosch DME Motronic M 5.2 (ab 09/2001: M 7.8) sequenzielle Einspritzung	
Lichtmaschine	12 V 1680 W	
Antrieb	synchronisiertes Sechsganggetriebe, auf Wunsch 5-Gang-Tiptronic, Knüppelschaltung, Heckantrieb	Allradantrieb über Viscolamellenkupplung

	911 Carrera	911 Carrera 4
Fahrwerk	selbsttragende Stahlkarosserie	
Lenkung	Zahnstange mit Servounterstützung	
Radaufhängung vorne	Längs- und Querlenker, Schraubenfedern, McPherson-Federbeine, Stabilisator, Zweirohr-Stoßdämpfer	
Radaufhängung hinten	LSA-Fünflenker, Schraubenfedern, McPherson-Federbeine, Stabilisator, Zweirohr-Stoßdämpfer	
Bremsen	4 innenbelüftete, gelochte Scheiben vorne 318, hinten 299 mm, 4-Kolben-Festsättel, ABS	
Räder vorne – hinten	7J – 9J x 17, auf Wunsch: 7,5J – 10J x 18 (ab 09/2001: 8J – 10 J x 18)	
Reifen vorne – hinten	205/50 ZR 17 – 255/40 ZR 17, auf Wunsch 225/40 ZR 18 – 265/35 ZR 18	225/40 ZR 18 – 265/35 ZR 18 (ab 09/2001: hinten 285/30 ZR 30)
Abmessungen L x B x H mm	4430 x 1765 x 1305	
Radstand mm	2350	
Spurweite vorne/hinten mm	1455/1500 (mit 18-Zoll-Rädern: 1465/1480)	
Wendekreis m	12	
Leergewicht kg	1320 bis 1370	1375 bis 1430
Zul. Gesamtgewicht kg	1720 bis 1855	1775 bis 1905
Tankinhalt l	64	
Höchstgeschwindigkeit km/h	280 bis 285	280 bis 285
Beschleunigung 0–100 km/h in sec.	5,2 bis 5,0	5,2 bis 5,0
Verbrauch l/100 km	9 bis 18	
Leistungsgewicht kg/PS	4,4 bis 4,2	4,6 bis 4,4
Sonstiges		
Produktionszeitraum	09/1996 bis 08/2004	09/1997 bis 08/2004
Produktionszahlen	Carrera 3,4 Liter: 54.733	Carrera 4 (3,4 Liter): 22.965
Vorgängermodell	911 Carrera (Typ 993)	
Nachfolgemodell	911 Carrera (Typ 997)	
Preise in DM	Coupé (08/1997): 135.610 Targa (08/2001): 159.041 Cabrio(04/1998): 155.160 Carrera »40 Jahre 911« (08/2003): 95.616 Euro	Coupé (08/1998): 147.640 Cabrio (08/1998): 166.160

Porsche 911 GT 3 Coupé, 1998

Porsche 911 GT3 (ab 1998) und GT2 (ab 2000)

Konkurrenzmodelle: Ferrari F 360/575, Honda NSX, Jaguar XK, Maserati GT, Mercedes SL

	911 GT3	911 GT2
Typ	2-Sitzer Coupé	
Motor	DOHC, längs hinter der Hinterachse eingebaut, Wasserkühlung, Trockensumpfschmierung	
Motortyp	M96/76 (ab 01/2003: M96/79)	M96/70 S (ab 03/2003: M96/70 SL) Bi-Turbo mit Ladeluftkühler
Zylinderzahl	6 Zylinder Boxer	
Bohrung x Hub mm	100 x 76,4	
Hubraum cm^3	3600	
Verdichtung	11,7 : 1	9,4 : 1
Leistung PS/kW bei U/min	360/256 bei 7200 (ab 01/2003: 381/280 bei 7400)	462/340 (ab 03/2003: 483/350 bei 5700)
max. Drehmoment Nm bei U/min	370 (ab 01/2003: 385) bei 5000	620 (ab 03/2003: 640 bei 3500–4500
Gemischaufbereitung	Bosch DME Motronic M 5.2.2 (ab 01/2003: M 7.8) sequenzielle Einspritzung	
Lichtmaschine	12 V 1680 W	
Antrieb	synchronisiertes Sechsganggetriebe, Knüppelschaltung, Heckantrieb	
Fahrwerk	selbsttragende Stahlkarosserie	
Lenkung	Zahnstange mit Servounterstützung	
Radaufhängung vorne	Längs- und Querlenker, Schraubenfedern, McPherson-Federbeine, Stabilisator, Zweirohr-Stoßdämpfer	
Radaufhängung hinten	LSA-Fünflenker, Schraubenfedern, McPherson-Federbeine, Stabilisator, Zweirohr-Stoßdämpfer	

	911 GT3	911 GT2
Bremsen	4 innenbelüftete, gelochte Scheiben 330 mm, ab 01/03 und GT2: innenbelüftete, gelochte Keramik-Scheiben 350 mm, 4-Kolben-Festsättel, ABS	
Räder vorne – hinten	8J – 10J x 18 (ab 01/2003: 9J – 11 J x 18)	8,5J – 12 J x 18
Reifen vorne – hinten	225/40 ZR 18 – 285/30 ZR 18, (ab 01/2003: 235/40 ZR 18 – 295/30 ZR 18)	235/40 ZR 18 – 315/30 ZR 18
Abmessungen L x B x H mm	4430 x 1765 x 1270	4450 x 1830 x 1275
Radstand mm	2350	
Spurweite vorne/hinten mm	1475/1495	1495/1520
Wendekreis m	12	
Leergewicht kg	1350 bis 1380	1420
Zul. Gesamtgewicht kg	1630 bis 1660	1730
Tankinhalt l	89	
Höchstgeschwindigkeit km/h	302 bis 306	315 bis 319
Beschleunigung 0–100 km/h in sec.	4,8 bis 4,5	4,1 bis 4,0
Verbrauch l/100 km	9 bis 21	
Leistungsgewicht kg/PS	3,75 bis 3,62	3,1 bis 2,93
Sonstiges		
Produktionszeitraum	seit 05/1999	seit 09/2000
Produktionszahlen	bis 12/2002: 1868	bis 12/2002: 963
Vorgängermodell	911 Carrera RS (Typ 993)	911 GT2 (Typ 993)
Nachfolgemodell	Typ 997	
Preise in DM	(03/1999): 179.500	(08/2000): 339.000

Porsche 911 GT 2 Coupé, 2001

Porsche 911 (Typ 997) – (ab 2004)

Nach reichlich Kritik hatte man bei Porsche erkannt, dass die Gleichteile-Strategie zwar die Kosten senkt, aber auch die Produktionszahlen. So stellte man bereits im Juli 2004 das neue facegeliftete 2005er Carrera-Modell mit der Typenbezeichnung 997 vor. Der Neue hatte nun wieder Rundscheinwerfer, auseinander gezogene Instrumente, klassische Türgriffe und viele andere Details, die das Herz der Fans erfreuten – nur der Tankdeckel war noch nicht wieder nach links gewandert.

Dem Carrera wurde ein Carrera S mit aufgebohrtem 3,8-Liter-Aggregat zur Seite gestellt; Targa, Turbo, Turbo S, Carrera 4S, GT3 und GT2 wurden zunächst weiter in der 996er Form angeboten.

Alle Porsche-Modelle 2004

Porsche 911 Carrera Cabrio, 2005

Porsche 911 Carrera Coupé, 2005

Porsche 911 Carrera (ab 2004) und Carrera S (ab 2004)

Konkurrenzmodelle: Ferrari F 360, Honda NSX, Jaguar XK, Maserati Coupé/Spyder, Mercedes SL

	911 Carrera	911 Carrera S
Typ	2+2-Sitzer Coupé oder Cabrio	
Motor	DOHC, längs hinter der Hinterachse eingebaut, Wasserkühlung, Trockensumpfschmierung	
Motortyp	M96/03	
Zylinderzahl	6 Zylinder Boxer	
Bohrung x Hub mm	96 x 82,8	99 x 82,8
Hubraum cm^3	3596	3824
Verdichtung	11,3 : 1	11,8 : 1
Leistung PS/kW bei U/min	325/239 bei 6800	355/261 bei 6600
max. Drehmoment Nm bei U/min	370 bei 4250	400 bei 4600
Gemischaufbereitung	Bosch DME Motronic M 7.8 sequenzielle Einspritzung	
Lichtmaschine	12 V 2100 W	
Antrieb	synchronisiertes Sechsganggetriebe, auf Wunsch 5-Gang-Tiptronic, Knüppelschaltung, Heckantrieb	
Fahrwerk	selbsttragende Stahlkarosserie	
Lenkung	Zahnstange mit Servounterstützung	
Radaufhängung vorne	Längs- und Querlenker, Schraubenfedern, McPherson-Federbeine, Stabilisator, Zweirohr-Stoßdämpfer	
Radaufhängung hinten	LSA-Fünflenker, Schraubenfedern, McPherson-Federbeine, Stabilisator, Zweirohr-Stoßdämpfer	
Bremsen	4 innenbelüftete, gelochte Scheiben vorne 318, hinten 299 mm	330/330 mm, 4-Kolben-Festsättel, ABS
Räder vorne – hinten	8J – 10J x 18	8J – 11J x 19
Reifen vorne – hinten	235/40 ZR 18 – 265/40 ZR 18	235/35 ZR 19 – 295/30 ZR 19
Abmessungen L x B x H mm	4427 x 1808 x 1305	
Radstand mm	2350	
Spurweite vorne/hinten mm	1486/1534	1486/1516
Wendekreis m	12	
Leergewicht kg	1395	1420
Zul. Gesamtgewicht kg	1810	1820
Tankinhalt l	64	
Höchstgeschwindigkeit km/h	285	293
Beschleunigung 0–100 km/h in sec.	5,0	4,8
Verbrauch l/100 km	8 bis 18	
Leistungsgewicht kg/PS	4,2	4,0
Sonstiges		
Produktionszeitraum	ab 09/2004	
Produktionszahlen	in Produktion	
Vorgängermodell	911 Carrera (Typ 996)	
Nachfolgemodell	–	

Porsche 959 (1987 bis 1988)

Um bei Gruppe-B-Rennen teilnehmen zu dürfen, mussten 200 Homologationsfahrzeuge produziert werden. Dies nutzte Porsche, um 1987 einen absoluten Technologieträger auf Räder zu stellen. Der optisch an den 911 erinnernde Wagen hatte mit diesem nur den Sechszylinder-Boxer im Heck gemeinsam, der sich jedoch bereits durch wassergekühlte DOHC-Vierventil-Zylinderköpfe unterschied. Mit zwei Turboladern (in Register-Anordnung) leistete das Aggregat 450 PS. Des Weiteren kamen hinzu: Allradantrieb (mit Transaxle-Bauweise und verschiedenen Programmen), ein während der Fahrt einstellbares Fahrwerk und in der Komfort-Version jeder erdenkliche Luxus. Wem die Leistung noch nicht reichte, konnte den 959 S mit 515 PS bestellen. Die 292 produzierten Wagen waren noch vor Produktionsbeginn verkauft.

Motor des Porsche 959, 1987

Porsche 959, 1987

Porsche 959 (1987 bis 1988)

Konkurrenzmodelle: Ferrari F 40

	959
Typ	2-Sitzer Coupé
Motor	DOHC, längs hinter der Hinterachse eingebaut, wassergekühlte Zylinderköpfe, gebläsegekühlte Zylinder, Trockensumpfschmierung
Motortyp	959/50
Zylinderzahl	6 Zylinder Boxer
Bohrung x Hub mm	95 x 67
Hubraum cm^3	2849
Verdichtung	8,3 : 1
Leistung PS/kW bei U/min	450/331 bei 6500
max. Drehmoment Nm bei U/min	500 bei 5000
Gemischaufbereitung	Bosch DME Einspritzung, Bi-Turbo mit Ladeluftkühlung
Lichtmaschine	12 V 1610 W
Antrieb	synchronisiertes Sechsganggetriebe, Knüppelschaltung, Allradantrieb über Viscolamellenkupplung
Fahrwerk	selbsttragende Stahlkarosserie
Lenkung	Zahnstange (18,2 : 1) mit Servounterstützung
Radaufhängung vorne	je 2 Dreieck-Querlenker, Doppelfederbeine mit Schraubenfedern, Stabilisator
Radaufhängung hinten	je 2 Dreieck-Querlenker, Doppelfederbeine mit Schraubenfedern, Stabilisator
Bremsen	4 innenbelüftete, gelochte Scheiben vorne 322, hinten 304 mm, 4-Kolben-Festsättel, ABS
Räder vorne – hinten	8J – 9J x 17, auf Wunsch: 8J – 10J x 17
Reifen vorne – hinten	235/45 ZR 17 – 255/40 ZR 17, auf Wunsch hinten: 275/35 ZR 17
Abmessungen L x B x H mm	4260 x 1840 x 1280
Radstand mm	2300
Spurweite vorne/hinten mm	1504/1550
Wendekreis m	12
Leergewicht kg	1450 bis 1590
Zul. Gesamtgewicht kg	1770
Tankinhalt l	84
Höchstgeschwindigkeit km/h	315
Beschleunigung 0–100 km/h in sec.	4
Verbrauch l/100 km	20
Leistungsgewicht kg/PS	3,2 bis 3,4
Sonstiges	
Produktionszeitraum	04/1987 bis 08/1988
Produktionszahlen	292
Vorgängermodell	–
Nachfolgemodell	–

Porsche mit Mittelmotoren

Porsche 356 (1948)

Der erste Porsche hieß zwar nach dem Beginn seiner Konstruktionsnummer bereits »356«, doch blieb er mit seinem Gitterrohrrahmen und dem vor der Hinterachse eingebauten Motor ein Unikat. Motor und Fahrwerkskomponenten hatte man im österreichischen Gmünd vom Volkswagen übernommen, wobei die komplette Hinterachse samt Antrieb umgedreht wurde. Mit größeren Ventilen, erhöhter Verdichtung und einem Fallstromvergaser konnte Porsche die Leistung des 1131 ccm großen VW-Motors von 28 auf 35 PS steigern. Dank des geringen Gewichts von nur 585 kg und der aerodynamischen Form brachte es der Wagen nicht nur auf eine Spitzengeschwindigkeit von 135 km/h, sondern hielt sich auch im Verbrauch sehr zurück. Bei einem Rennen in Innsbruck wurde Herbert Kaes mit dem Porsche 356-001 Sieger in der Klasse bis 1200 ccm.

Porsche 356–001, 1948

Porsche 356-001 (1948)

Konkurrenzmodelle: Fiat 1100 S, MG TC

	356-01
Typ	Zweisitziges Cabriolet
Motor	OHV, längs vor der Hinterachse eingebaut, Gebläsekühlung
Motortyp	(VW 369)
Zylinderzahl	4 Zylinder Boxer
Bohrung x Hub mm	75 x 64
Hubraum cm^3	1131
Verdichtung	7,0 : 1
Leistung PS/kW bei U/min	35/26 bei 4000
max. Drehmoment Nm bei U/min	69 bei 2600
Gemischaufbereitung	Fallstromvergaser Solex 26 VFI
Lichtmaschine	Gleichstrom 6 V 130 W
Antrieb	unsynchronisiertes Vierganggetriebe, Knüppelschaltung, Heckantrieb
Fahrwerk	Stahl-Gitterrohrrahmen, Aluminiumkarosserie
Lenkung	Spindel 14,15 : 1
Radaufhängung vorne	Kurbellenker oben und unten, quer liegende Drehstabfedern, hydraulische Stoßdämpfer
Radaufhängung hinten	Pendel-Halbachsen in Schwingenstreben, quer liegende Drehstabfedern, hydraulische Stoßdämpfer
Bremsen	4 Simplex-Trommeln 230 x 30 mm
Räder	3.00 D x 16
Reifen	5.00-16
Abmessungen L x B x H mm	3860 x 1670 x 1250
Radstand mm	2150
Spurweite vorne/hinten mm	1290/1250
Wendekreis m	–
Leergewicht kg	585
Zul. Gesamtgewicht kg	785
Tankinhalt l	50
Höchstgeschwindigkeit km/h	135
Beschleunigung 0–100 km/h in sec.	23
Verbrauch l/100 km	7 bis 8
Leistungsgewicht kg/PS	16,7
Sonstiges	
Produktionszeitraum	01.07.1948
Produktionszahlen	1
Vorgängermodell	–
Nachfolgemodell	356/2
Preis (in sFr.)	7000

Porsche 356-001, 1948

Ferry und Ferdinand Porsche neben dem ersten 356-Prototypen

Porsche 550 1500 RS Spyder (1954 bis 1956)

Nach dem ersten 356-Prototyp hatten alle Porsche Heckmotoren erhalten, was für die Fahreigenschaften nicht gerade optimal war. Der Privatfahrer Walter Glöckler hatte bereits seit 1950 vier Wagen mit Mittelmotoren ausgerüstet, um damit Rennen zu fahren. Bei Porsche hatte Dr. Ernst Fuhrmann einen per insgesamt vier Königswellen gesteuerten DOHC-Motor entwickelt, sodass man sich in Zuffenhausen entschloss, selbst einen renntauglichen Mittelmotor-Wagen zu bauen: den 550. Im Oktober 1953 stand der später »Spyder« getaufte Wagen auf dem Pariser Salon – und ein halbes Jahr darauf auf dem Siegerpodest der »Mille Miglia«. Ende 1954 war der jetzt »550 RS« (Renn-Sport) getaufte und bei der Karosseriefabrik Wendler in Reutlingen gebaute Wagen zum Preis von 24.600 DM käuflich zu erwerben (der berühmteste Kunde hieß James Dean – auf dem Weg zu einem Rennen verunglückte er tödlich damit). Der dank seiner Alukarosserie extrem leichte Wagen war mit einer abnehmbaren Windschutzscheibe und einer komplett aufklappbaren Heckverkleidung versehen. Auch der Schnelltankverschluss und die fehlenden Stoßstangen wiesen auf seine ursprüngliche Bestimmung hin. Ab 1956 wurde der in vielen Bereichen verbesserte 550 A mit Gitterrohrrahmen vorgestellt, der bis zu 135 PS leistete – bis 1957 wurden lediglich 37 Exemplare gebaut.

Porsche 550, 1954

Wolfgang Seidel und Helm Glöckler siegten im Porsche 550 bei der Mille Miglia 1955

Porsche 550 RS Spyder, 1955

Porsche 550 1500 RS Spyder (1954 bis 1956)

Konkurrenzmodelle: BMW 507, Alfa Romeo 1900, Lotus Elite

	550 1500 RS Spyder
Typ	2-Sitzer offen
Motor	DOHC, längs vor der Hinterachse eingebaut, Gebläsekühlung Trockensumpfschmierung, Doppelzündung
Motortyp	Typ 547/1
Zylinderzahl	4 Zylinder Boxer
Bohrung x Hub mm	85 x 66
Hubraum cm^3	1498
Verdichtung	9,5 : 1
Leistung PS/kW bei U/min	110/81 bei 6200
max. Drehmoment Nm bei U/min	129 bei 5300
Gemischaufbereitung	2 Doppel-Fallstromvergaser Solex 40 PII oder Weber 40 DCM
Lichtmaschine	Gleichstrom 6 V 160 W
Antrieb	synchronisiertes Vierganggetriebe, Knüppelschaltung, Heckantrieb mit Sperrdifferenzial
Fahrwerk	Stahlrohr-Leiterrahmen, Aluminium-Verbundkarosserie
Lenkung	Spindel 14,15 : 1
Radaufhängung vorne	Längs liegende Traghebel, quer liegende Drehstabfedern, verstellbare hydraulische Stoßdämpfer, Stabilisator
Radaufhängung hinten	Pendel-Halbachsen in Federstreben, quer liegende Drehstabfedern, hydraulische Stoßdämpfer
Bremsen	vorne Duplex-Trommeln 280 x 40 mm, hinten Simplex-Trommeln 280 x 40 mm
Räder	3.50 D x 16
Reifen	vorne 5.00-16, hinten 5.25-16
Abmessungen L x B x H mm	3600 x 1550 x 1015
Radstand mm	2100
Spurweite vorne/hinten mm	1290/1250
Wendekreis m	k. A.
Leergewicht kg	685
Zul. Gesamtgewicht kg	900
Tankinhalt l	65 oder 90
Höchstgeschwindigkeit km/h	220
Beschleunigung 0–100 km/h in sec.	ca. 10
Verbrauch l/100 km	9 bis 10
Leistungsgewicht kg/PS	6,23
Sonstiges	
Produktionszeitraum	09/1954 bis 08/1956
Produktionszahlen	90
Vorgängermodell	–
Nachfolgemodell	550 A
Preis (10/1954) in DM	24.600

Porsche 904 Carrera GTS (1964 bis 1965)

Ende 1963 wurde erstmals der 904 auf der Solitude-Rennstrecke bei Stuttgart vorgestellt – ein reiner Rennwagen mit Leiterrahmen und GFK-Karosserie sowie dem getunten Zweiliter-Carrera-Aggregat, das hier als Mittelmotor an ein neues Fünfganggetriebe geflanscht war. Die vom Flugzeughersteller Heinkel gefertigte Karosserie war extrem windschlüpfrig und ermöglichte es, den bis zu 180 PS starken und sehr leichten Wagen auf bis über 260 km/h zu beschleunigen.
Um den 904 in der GT-Klasse homologisieren zu können, mussten 100 Exemplare gebaut werden – zum Schluss wurden es 106 Stück, die als letzter echter Porsche-Rennwagen auch im Straßenverkehr zugelassen werden konnten. Der 904 siegte bei vielen Rennen, darunter auch der Targa Florio und der Tour de France – bei der Rallye Monte Carlo wurde Eugen Böhringer Zweiter.

Nicht nur bei der Targa Florio war der Porsche 904 erfolgreich

Porsche 904, 1964

Porsche 904 Carrera GTS (1964 bis 1965)

Konkurrenzmodelle: Ferrari 250 GT

	904 Carrera GTS
Typ	2-Sitzer geschlossen
Motor	DOHC, längs vor der Hinterachse eingebaut, Gebläsekühlung Trockensumpfschmierung, Doppelzündung
Motortyp	Typ 587/3
Zylinderzahl	4 Zylinder Boxer
Bohrung x Hub mm	92 x 74
Hubraum cm^3	1966
Verdichtung	9,8 : 1
Leistung PS/kW bei U/min	155 bis 180/114 bis 132 bei 6900 bis 7200
max. Drehmoment bei U/min	169 bis 196 Nm bei 5000
Gemischaufbereitung	2 Doppel-Fallstromvergaser Solex 44 PII-4
Lichtmaschine	12 V 450 W
Antrieb	synchronisiertes Fünfganggetriebe, Knüppelschaltung, Heckantrieb mit Sperrdifferenzial
Fahrwerk	Stahlrohr-Leiterrahmen, Karosserie aus glasfaserverstärktem Kunststoff
Lenkung	–
Radaufhängung vorne	schräg liegende Doppelquerlenker, verstellbare hydraulische Stoßdämpfer, Quer-Stabilisator
Radaufhängung hinten	schräg liegende Doppelquerlenker, verstellbare hydraulische Stoßdämpfer, Quer-Stabilisator
Bremsen	4 Scheiben vorne 274,5, hinten 282 mm, 2-Kolbensättel
Räder	5.00 oder 6.00 JK x 15
Reifen	165 HR 15 oder Racing 5.50 L 15
Abmessungen L x B x H mm	4090 x 1540 x 1065
Radstand mm	2300
Spurweite vorne/hinten mm	1316/1312
Wendekreis m	k. A.
Leergewicht kg	740
Zul. Gesamtgewicht kg	k. A.
Tankinhalt l	110
Höchstgeschwindigkeit km/h	263
Beschleunigung 0–100 km/h in sec.	5,5
Verbrauch l/100 km	k. A.
Leistungsgewicht kg/PS	4,8 bis 4,1
Sonstiges	
Produktionszeitraum	04/1964 bis 08/1965
Produktionszahlen	106
Vorgängermodell	550 RS Spyder
Nachfolgemodell	906
Preise (09/1964) in DM	29.700

Porsche 914 (1969 bis 1975)

Da Porsche seit eh und je gute Kontakte nach Wolfsburg hatte, und beide Firmen einen Mittelmotor-Sportwagen planten, entschloss man sich, gemeinsam einen (von Porsche konstruierten) Wagen anzubieten – entweder mit dem 80 PS starken 1,7 Liter Vierzylinder-Boxermotor des VW 411 (mit Einspritzung) oder mit dem 110 PS mobilisierenden Sechszylinder-Aggregat des Porsche 911 T (mit Vergasern). Je nach Ausführung hieß das Modell entweder 914 oder 914/6. Den 914 baute Karmann in Osnabrück (wo der Karmann Ghia gerade ausgelaufen war), der 914/6 wurde in Zuffenhausen gefertigt – beide Modelle erhielten das Porsche-Fünfganggetriebe. Traditionell saß beim »echten« Porsche das Zündschloss links, während es beim »VW-Porsche« rechts zu finden war. Durch die Lage des Motors war der Zweisitzer mit zwei je 370 l großen Kofferräumen ausgerüstet – der hintere nahm auch das abnehmbare Kunststoffdach auf.

Der etwa ein Drittel teurere 914/6 fiel nach nur 3338 Einheiten im Modelljahr 1972 aus dem Programm, dafür gab es ab 1973 neben dem inzwischen auf 1,8 Liter vergrößerten Vergasermotor des VW 412 auch einen Zweiliter-Vierzylinder-Boxer mit Einspritzung und 100 PS. Bis 1976 verkaufte sich der Wagen besonders in den USA sehr gut.

Porsche 914 2.0, 1973

Cockpit des Porsche 914, 1969

Porsche 914 1,7, 1,8 und 2,0 (1969 bis 1975)

Konkurrenzmodelle: Alfa Romeo Spider, Opel GT, Fiat X1/9

	914 1,7	914 1,8	914 2,0
Typ		2-Sitzer Targa	
Motor		OHV längs vor der Hinterachse eingebaut, Gebläsekühlung	
Motortyp [Volkswagen]	W	GB	AN
Zylinderzahl		4 Zylinder Boxer	
Bohrung x Hub mm	90 x 66	93 x 66	94 x 71
Hubraum cm^3	1679	1795	1971
Verdichtung	8,2 : 1	8,6 : 1	8,0 : 1
Leistung PS/kW bei U/min	80/59 bei 4900	85/63 bei 5000	100/74 bei 5000
max. Drehmoment Nm bei U/min	133 bei 2700	138 bei 3400	157 bei 3500
Gemischaufbereitung	Bosch D-Jetronic-Einspritzung	2 Fallstromvergaser Solex 40 PDSIT	Bosch D-Jetronic-Einspritzung
Lichtmaschine		12 V 700 W	
Antrieb		synchronisiertes Fünfganggetriebe, Knüppelschaltung, Heckantrieb, auf Wunsch Kupplungsautomatik	
Fahrwerk		selbsttragende Stahlkarosserie	
Lenkung		Zahnstange 17,76 : 1	
Radaufhängung vorne		Querlenker unten, Längsdrehstäbe, auf Wunsch Stabilisator, hydraulische Stoßdämpfer	
Radaufhängung hinten		Schräglenker, Schraubenfedern, hydraulische Stoßdämpfer, auf Wunsch Stabilisator	
Bremsen		4 Scheiben vorne 282, hinten 286 mm, 2-Kolben-Festsättel	
Räder	4.50 J x 15	5.50 J x 15	5.50 J x 15
Reifen	155 SR 15	165 SR 15	165 HR 15
Abmessungen L x B x H mm		3985 x 1650 x 1230	
Radstand mm		2450	
Spurweite vorne/hinten mm	1337/1374	1343/1383	1343/1383
Wendekreis m		11	
Leergewicht kg	900	950	950
Zul. Gesamtgewicht kg		1220	
Tankinhalt l		62	
Höchstgeschwindigkeit km/h	177	178	190
Beschleunigung 0–100 km/h in sec.	13	12	10,5
Verbrauch l/100 km		10 bis 14	
Leistungsgewicht kg/PS	11,25	11,17	9,5
Sonstiges			
Produktionszeitraum	09/1969 bis 08/1973	08/1972 bis 12/1975	08/1973 bis 12/1975
Produktionszahlen		115.646	
Vorgängermodell		–	
Nachfolgemodell		924	
Preise in DM (1973)	13.990	13.990	14.990

Porsche 914 1.7, 1970

Burgstrasse

Porsche 914/6, 1970

Porsche 914/6, 1970

Porsche 914/6 2,0 (1970 bis 1972)

Konkurrenzmodelle: Alpine 1300 G, Fiat Dino Spider, Mercedes 280 SL, Volvo 1800 E

	914/6 2,0
Typ	2-Sitzer Targa
Motor	OHC längs vor der Hinterachse eingebaut, Gebläsekühlung, Trockensumpfschmierung
Motortyp	901/36 und 37
Zylinderzahl	6 Zylinder Boxer
Bohrung x Hub mm	80 x 66
Hubraum cm^3	1991
Verdichtung	8,6 : 1
Leistung PS/kW bei U/min	110/81 bei 5800
max. Drehmoment Nm bei U/min	157 bei 4200
Gemischaufbereitung	2 Dreifach-Fallstromvergaser Weber IDT 3 C/3 C1 oder IDT-PS 4
Lichtmaschine	12 V 770 W
Antrieb	synchronisiertes Fünfganggetriebe, Knüppelschaltung, Heckantrieb, auf Wunsch Kupplungsautomatik
Fahrwerk	selbsttragende Stahlkarosserie
Lenkung	Zahnstange 17,76 : 1
Radaufhängung vorne	Querlenker unten, Längsdrehstäbe, auf Wunsch Stabilisator, hydraulische Stoßdämpfer
Radaufhängung hinten	Schräglenker, Schraubenfedern, hydraulische Stoßdämpfer, auf Wunsch Stabilisator
Bremsen	4 Scheiben, vorne innenbelüftet 282, hinten 286 mm, 2-Kolben-Festsättel
Räder	5.50 J x 15, auf Wunsch 5.50 J x 14
Reifen	165 HR 15 oder 185 HR 14
Abmessungen L x B x H mm	3985 x 1650 x 1240
Radstand mm	2450
Spurweite vorne/hinten mm	1361/1382
Wendekreis m	11
Leergewicht kg	940
Zul. Gesamtgewicht kg	1260
Tankinhalt l	62
Höchstgeschwindigkeit km/h	201
Beschleunigung 0–100 km/h in sec.	9,9
Verbrauch l/100 km	13 bis 14
Leistungsgewicht kg/PS	8,5
Sonstiges	
Produktionszeitraum	09/1969 bis 08/1972
Produktionszahlen	3338
Vorgängermodell	–
Nachfolgemodell	924
Preise in DM	19.980 (12/1969 bis 08/1972)

Porsche 911 Coupé, 914/6 und 911 Targa, 1970

Porsche Boxster (Typ 986) – (ab 1996)

Nachdem das Ende der Transaxle-Baureihen abzusehen war, entschied man sich bei Porsche, das zweite Standbein wieder auf einen echten Mittelmotor-Roadster zu setzen. Als der neue Boxster im Herbst 1996 in Serie geht, hat er im Zuge der Gleichteile-Strategie bereits viele Komponenten der ein Jahr später vorgestellten neuen 911er-Generation vorweggenommen, obwohl er in einer völlig anderen (Preis-)Klasse antreten sollte. Hinter den beiden Sitzen arbeitete ein neuer Sechszylinder-Boxermotor mit jeweils zwei oben liegenden Nockenwellen, vier Ventilen – und Wasserkühlung! Aus 2479 cm^3 Hubraum schöpfte das neue Aggregat 204 PS, die entweder über Schalt- oder ein Motronic-Getriebe mit jeweils fünf Gängen ausschließlich auf die Hinterräder übertragen wurden.
Wie der zwanzig Jahre zuvor eingestellte Vorgänger 914 konnte der Boxster für jeden Passagier einen eigenen Kofferraum bereithalten. Das Stoffverdeck verschwand auf Knopfdruck in einem Fach über dem Motor; auf Wunsch war ein Aluminium-Hardtop erhältlich. Dass der neue Typ 986 ein Erfolg wurde, lag auch an dem erstaunlich günstigen Preis, der nur etwas mehr als die Hälfte eines 911-Cabrios betrug. In den ersten sechs Jahren verkaufte er sich entsprechend gut, sodass ein Teil der Produktion in ein Werk nach Finnland ausgelagert werden musste.
Zum Modelljahr 2000 wurde einerseits der Motor des Boxsters durch 6 mm mehr Hub auf 2,7 Liter (und 220 PS) vergrößert, andererseits wurde nach dem Aufbohren dieser Maschine auf 3,2 Liter damit der Boxster S mit 252 PS Leistung und Sechsganggetriebe vorgestellt, der es damit auf 260 km/h Höchstgeschwindigkeit brachte. Beim Fahrwerk griff man vorne und hinten auf bewährte McPherson-Aufhängungen

Porsche 986 Boxster, 1997

zurück, die mit Querlenkern und Radträgern aus Leichtmetall sowie Stabilisatoren geadelt wurden.
Ab 2003 fielen beide Boxster-Modelle durch neu gestaltete Bug- und Heckteile auf, zudem wurde die Leistung auf 228 bzw. 260 PS gesteigert.

2004 werden 50 Jahre 550 Spyder gefeiert – Anlass für ein auf 1953 Exemplare limitiertes Sondermodell »Boxster S 50 Jahre 550 Spyder«, das nur in silbermetallic lieferbar war und (wie auch alle anderen Boxster S) noch mal 6 PS mehr leistete.

Porsche 986 Boxster (seit 1996) und Boxster S (seit 1999)

Konkurrenzmodelle: Alfa Romeo Spyder, BMW Z3/M Roadster, Lotus Elise, Mazda MX5, Mercedes SLK, MG F, Renault Sport Spider

	Boxster	Boxster S
Typ	2-Sitzer Cabriolet	
Motor	DOHC, je 4 Ventile, längs vor der Hinterachse eingebaut, Wasserkühlung, Trockensumpfschmierung	
Motortyp	M96/20 - 23	M96/22 - 24
Zylinderzahl	6 Zylinder Boxer	
Bohrung x Hub mm	85,5 x 72 (ab 09/1999: 85,5 x 78)	93 x 78
Hubraum cm^3	2480 (ab 09/1999: 2687)	3179
Verdichtung	11,0 : 1	
Leistung PS/kW bei U/min	204/150 (ab 09/1999: 220/162) bei 6000 – ab 09/2003: 228/168 bei 6300	252/185 bei 6250 (ab 09/2002: 260/191, ab 09/2003: 266/196 bei 6200)
max. Drehmoment Nm bei U/min	245 bei 4500 (ab 09/1999: 260 bei 4750)	305 bei 4500 (ab 09/2002: 310 bei 4600)
Gemischaufbereitung	Bosch DME Motronic sequenzielle Einspritzung	
Lichtmaschine	12 V 1680 W	
Antrieb	synchronisiertes Fünfganggetriebe (S mit Sechsganggetriebe), auf Wunsch 5-Gang-Tiptronic, Knüppelschaltung, Heckantrieb	
Fahrwerk	selbsttragende Stahlkarosserie	
Lenkung	Zahnstange mit Servounterstützung	
Radaufhängung vorne	Querlenker, Schraubenfedern, McPherson-Federbeine, Stabilisator, Zweirohr-Stoßdämpfer	
Radaufhängung hinten	Querlenker, Schraubenfedern, McPherson-Federbeine, Stabilisator, Zweirohr-Stoßdämpfer	
Bremsen	4 innenbelüftete Scheiben vorne 298, hinten 292 mm	318/200 mm 4-Kolben-Festsättel, ABS
Räder vorne – hinten	6J – 7J x 16, auf Wunsch 7J – 8,5J x 17	7J – 8,5J x 17, auf Wunsch 7,5J – 9J x 18
Reifen vorne – hinten	205/55 ZR 16 – 255/50 ZR 16, auf Wunsch 205/50 ZR 17 – 255/40 ZR 17	205/50 ZR 17 – 255/40 ZR 17, auf Wunsch 225/40 ZR 18 – 265/35 ZR 18

	Boxster	Boxster S
Abmessungen L x B x H mm	4315 x 1780 x 1290	
Radstand mm	2415	
Spurweite vorne/hinten mm	1465/1528 (mit 17-Zoll-Rädern: 1465/1508)	1465/1508 bis 1514
Wendekreis m	11	
Leergewicht kg	1250 bis 1330	1295 bis 1360
Zul. Gesamtgewicht kg	1560 bis 1655	1615 bis 1670
Tankinhalt l	57, ab 09/1999: 64	
Höchstgeschwindigkeit km/h	250	260
Beschleunigung 0–100 km/h in sec.	6,9 bis 6,4	5,9 bis 5,7
Verbrauch l/100 km	8 bis 15	
Leistungsgewicht kg/PS	6,1 bis 5,6	5,15 bis 4,95
Sonstiges		
Produktionszeitraum	2,5 Liter 10/1996 bis 08/1999 2,7 Liter seit 09/1999	seit 09/1999
Produktionszahlen	Boxster 2,5 Liter: 55.705	laufende Produktion
Vorgängermodell	914/6	
Nachfolgemodell	–	
Preise in DM	(08/1996): 76.500 (08/1999): 80.790	(08/1999): 94.900 »50 Jahre 550 Spyder« (11/2003): 59.192 Euro

Porsche 986 Boxster, 2005

Carrera GT (ab 2003)

Im September 2000 präsentierte Porsche in Paris einen kompromisslosen Technologieträger, der ab Herbst 2003 im neuen Leipziger Porschewerk in limitierter Stückzahl und von Hand als Carrera GT hergestellt wurde. Der auf einer offenen Kohlefaserkarosserie basierende Mittelmotor-Sportwagen war mit einem 5,7 Liter-V10-Motor ausgerüstet, der bis zu 612 PS mobilisierte.
Um das Triebwerk möglichst tief in den ebenfalls aus CFK bestehenden Aggregateträger hängen zu können, kam neben einer Trockensumpfschmierung auch eine 2-Scheiben-Keramikkupplung zum Einsatz, deren Durchmesser lediglich 17 cm betrug. Der längs eingebaute Motor leitete die Kraft über ein quer eingebautes Sechsganggetriebe an die an Doppelquerlenkern und Federbeinen geführten Hinterräder weiter. Die Bremsscheiben bestanden ebenfalls aus Keramik, um den in unter zehn Sekunden auf 200 km/h beschleunigenden und maximal 330 km/h schnellen sowie immerhin 1,4 Tonnen schweren Wagen sicher wieder zum Stehen zu bringen. Zwar bot der Carrera GT rennsportmäßige Fahreigenschaften, doch verwöhnte er auf Wunsch auch mit einer Klimaanlage, Bordtelefon, einem umfangreichen Soundsystem sowie einem maßgeschneiderten Taschen-Set für die minimalen Ablageflächen.

Der V10-Porsche des Carrera GT leistet aus 5755 cm³ Hubraum 450 PS, 2003

Porsche Carrera GT, 2003

Porsche Carrera GT, 2003

GO 612

Porsche Carrera GT (ab 2003)

Konkurrenzmodelle: Ferrari Enzo, Mercedes SLR McLaren

	Carrera GT
Typ	2-Sitzer Roadster
Motor	DOHC, 4 Ventile, variable Einlassnockenwellen, längs vor der Hinterachse eingebaut, Wasserkühlung, Trockensumpfschmierung
Motortyp	M80
Zylinderzahl	V10 (68° Zylinderwinkel)
Bohrung x Hub mm	98 x 76
Hubraum cm^3	5733
Verdichtung	12,0 : 1
Leistung PS/kW bei U/min	612/450 bei 8000
max. Drehmoment bei U/min	590 bei 5750
Gemischaufbereitung	Bosch DME sequenzielle Einspritzung
Lichtmaschine	12 V 2100 W
Antrieb	synchronisiertes Sechsganggetriebe, Knüppelschaltung, Heckantrieb, Sperrdifferenzial
Fahrwerk	Monocoque-Kohlefaserkunststoff-Karosserie
Lenkung	Zahnstange mit Servo
Radaufhängung vorne	Doppelquerlenker, Schraubenfedern, über Gestänge betätigte Gasdruck-Federbeine, Stabilisator
Radaufhängung hinten	Doppelquerlenker, Schraubenfedern, über Gestänge betätigte Gasdruck-Federbeine, Stabilisator
Bremsen	4 innenbelüftete, gelochte Keramik-Scheiben 380 mm, 6-Kolben-Festsättel, ABS
Räder vorne – hinten	9,5J x 19 – 12,5J x 20
Reifen vorne – hinten	265/35 ZR 19 – 335/30 ZR 20
Abmessungen L x B x H mm	4613 x 1921 x 1166
Radstand mm	2730
Spurweite vorne/hinten mm	1612/1587
Wendekreis m	–
Leergewicht kg	1380 bis 1445
Zul. Gesamtgewicht kg	1635
Tankinhalt l	92
Höchstgeschwindigkeit km/h	330
Beschleunigung 0–100 km/h in sec.	3,9
Verbrauch l/100 km	13 bis 29
Leistungsgewicht kg/PS	2,25 bis 2,35
Sonstiges	
Produktionszeitraum	ab 09/2003
Produktionszahlen	auf 1500 limitiert
Vorgängermodell	904 Carrera GTS
Nachfolgemodell	–
Preis in Euro	452.690 (08/2003)

Porsche Cayman (ab 2005)

Wie bei Immobilien galt plötzlich auch bei Porsche-Mobilen: Mit Dach ist teurer! Der im September 2005 auf der IAA vorgestellte Porsche Cayman S basiert auf dem Boxster, der so zu einem Coupé verwandelt wurde. Aber auch unter dem Dach bekam man etwas geboten: Der Motor wuchs durch weiteres Aufbohren auf 3,4 Liter Hubraum und brachte mit 295 PS den nach einem kleinen Krokodil benannten Zweisitzer in 5,4 Sekunden auf 100 km/h sowie auf eine Höchstgeschwindigkeit von 275 km/h.

Weil kein Dach mehr versteckt werden musste, verbirgt sich unter der Heckklappe zwischen dem Boxermotor und dem dezenten automatisch ausfahrenden Spoiler ein immerhin 260 Liter großer Kofferraum – hinzu kommt noch das vordere Gepäckabteil mit 150 Litern Fassungsvermögen. Die Kraft wird über ein Sechsgang-Schaltgetriebe oder eine Fünfgang-Tiptronic verwaltet, das Porsche Stability Management ist Serie, und gegen Aufpreis sind das Porsche Active Suspension Management und das Sport Chrono Paket erhältlich, wobei das Erstgenannte die Fahrwerkdämpfung automatisch an die Situation anpasst und letzteres das Stabilitätsprogramm und die Drosselklappensteuerung dynamischer regelt, sodass der Wagen näher an die physikalischen Grenzen gebracht werden kann.

Da der Cayman mit seinem Blechdach zudem insgesamt steifer und stabiler ist als sein Stoffdach-Bruder, lässt er sich auch beherzter an diese Grenzen bringen.

S GO 1182

Porsche Cayman S (ab 2005)

Konkurrenzmodelle: Audi TT, Chrysler Crossfire, Lotus Exige, Nissan 350 Z

	Cayman S
Typ	2-Sitzer Coupé
Motor	DOHC, je 4 Ventile, Vario-Cam, längs vor der Hinterachse eingebaut, Wasserkühlung, Trockensumpfschmierung
Zylinderzahl	6 Zylinder Boxer
Bohrung x Hub mm	96 x 78
Hubraum cm^3	3386
Verdichtung	11,1 : 1
Leistung PS/kW bei U/min	295/217 bei 6250
max. Drehmoment bei U/min	340 bei 4400 bis 6000
Gemischaufbereitung	Bosch DME Motronic sequenzielle Einspritzung
Lichtmaschine	12 V 2100 W
Antrieb	synchronisiertes Sechsganggetriebe, a.W. 5-Gang-Tiptronic, Knüppelschaltung, Heckantrieb
Fahrwerk	selbststragende Stahlkarosserie
Lenkung	Zahnstange mit Servounterstützung
Radaufhängung vorne	Querstreben, Längslenker, Schraubenfedern, McPherson-Federbeine, Zweirohr-Stoßdämpfer
Radaufhängung hinten	Querstreben, Längslenker, Schraubenfedern, McPherson-Federbeine, Zweirohr-Stoßdämpfer
Bremsen	4 innenbelüftete Scheiben vorne 318, hinten 299 mm, 4-Kolben-Festsättel, ABS
Räder vorne – hinten	8J – 9J x 18
Reifen vorne – hinten	235/40 ZR 18 – 265/40 ZR 18
Abmessungen L x B x H mm	4315 x 1780 x 1290
Radstand mm	2415
Spurweite vorne/hinten mm	1486/1528
Wendekreis m	11
Leergewicht kg	1340
Zul. Gesamtgewicht kg	1630
Tankinhalt l	64
Höchstgeschwindigkeit km/h	275
Beschleunigung 0–100 km/h in sec.	5,4
Verbrauch l/100 km	8 bis 16
Leistungsgewicht kg/PS	4,6
Sonstiges	
Produktionszeitraum	seit 09/2005
Produktionszahlen	laufende Produktion
Vorgängermodell	904
Nachfolgemodell	–
Preis in Euro	58.529

Porsche mit Frontmotoren

Porsche 924 (1976 bis 1988)

Nach dem VW-Porsche folgte der Audi-Porsche: der 924 war von Porsche für Volkswagen als Nachfolger des 914 entworfen worden, doch das fertige Konzept wollte dann in Wolfsburg keiner mehr haben. Bei Porsche war man von dem völlig neuen Konzept überzeugt und ließ den Wagen bei Audi mit deren auf zwei Liter Hubraum vergrößerten Vierzylinder-Reihenmotor ausgerüstet im ehemaligen NSU-Werk Neckarsulm bauen. Wie beim Audi 100 saß das Aggregat vorne, doch die Kraft wurde von der Kupplung über eine Welle durch ein starres Rohr zum an der Hinterachse sitzendem Getriebe geleitet (das ebenfalls vom Audi stammte und sogar noch mit der nun nutzlosen Kupplungsglocke versehen war). Dieses »Transaxle«-System sollte die Gewichtsverteilung optimieren. Mit einer mechanischen Benzineinspritzung leistete das Aggregat 125 PS und beschleunigte den nur 1080 kg wiegenden Wagen auf 200 km/h. In Deutschland litt der vom ehemaligen Corvette-Designer Anatole Lapine gestaltete 924 trotz des günstigen Preises unter dem (damals noch sehr hausbackenen) Audi-Image. Da jedoch teilweise 80 Prozent in den Export gingen, entwickelte er sich für Porsche zum Bestseller – in zwölf Jahren verkaufte er sich über 150.000-mal.

In den ersten Baujahren erfuhr der 924 nur wenige Änderungen. Ab 1979 wurde der Basisversion eine Turbo-Variante mit 170 PS zur Seite gestellt, die äußerlich durch zusätzliche Lüftungs-Öffnungen und einen Heckspoiler sowie größere Räder zu erkennen war. Mit dem ebenfalls neuen Fünfganggetriebe (von Porsche) erreichte der Wagen eine Spitze von 225 km/h.

1981 erhielt auch die Basisversion das Fünfgang-

Porsche 924, 1976

getriebe, und die Leistung des Turbomotors wurde auf 177 PS gesteigert. Zugleich stellte man den 924 Carrera GT vor, der allerdings mit seinem 210 PS starken Turbomotor nur in einer Kleinserie von 406 Stück angeboten wurde, um die Homologation für den Renneinsatz in der Gruppe 4 zu erfüllen.
Da ab 1982 der Porsche 944 beim Händler stand, verschwand der 924 Turbo vom deutschen Markt (wird aber für andere Länder weiter gebaut), dafür wurde die Saugmotor-Version dem 944 in der Ausstattung immer mehr angepasst.

1986 wurde der 924 S präsentiert, der technisch in vielen Bereichen dem 944 entsprach und ebenfalls dessen »echten« Porsche-Motor mit 2,5 Litern Hubraum besaß. Dank einer verringerten Verdichtung vertrug der Motor Normalbenzin, leistete aber auch nur noch 150 statt 163 PS.
In seinem letzten Modelljahr wurde dieser Motor noch einmal überarbeitet, sodass er jetzt wie der des 944 eine Leistung von 160 PS abgab. In drei Jahren wurden 16.274 Porsche 924 S gebaut.

Porsche 924 und 924 Turbo (1976 bis 1985)

Konkurrenzmodelle: Audi Quattro, Ford Capri, Opel Manta B

	924	924 Turbo
Typ	2+2-Sitzer Coupé	
Motor	OHC längs über der Vorderachse eingebaut, Wasserkühlung	
Motortyp	(Audi) 047/8-9	M31/01-03
Zylinderzahl	4 Zylinder Reihe	
Bohrung x Hub mm	86,5 x 84,4	
Hubraum cm³	1984	
Verdichtung	9,3 : 1	7,5 : 1
Leistung PS/kW bei U/min	125/92 bei 5800	170/125 (ab 09/1981: 177/130) bei 5500
max. Drehmoment Nm bei U/min	165 bei 3500	245–250 bei 3500
Gemischaufbereitung	Bosch K-Jet-Einspritzung	mit Turbolader
Lichtmaschine	12 V 1050 W	
Antrieb	synchronisiertes Vier- oder Fünfganggetriebe (Turbo nur mit 5 Gängen) Knüppelschaltung, Heckantrieb per Transaxle-System, 924 auf Wunsch mit 3-Gang-Automatik	
Fahrwerk	selbsttragende Stahlkarosserie	
Lenkung	Zahnstange 19,15 : 1	
Radaufhängung vorne	Querlenker unten, McPherson-Federbeine, auf Wunsch	Stabilisator
Radaufhängung hinten	Schräglenker, Querfederstäbe, hydraulische Stoßdämpfer, auf Wunsch	Stabilisator
Bremsen	vorne Scheiben 257 mit Schwimmsätteln, hinten Trommeln 230 x 38,6 mm	4 innenbelüftete Scheiben vorne 282,5, hinten 289 mm, Schwimmsättel

	924	924 Turbo
Räder	5.50 J x 14, auf Wunsch 6J x 15	6J x 15, auf Wunsch 6J x 16
Reifen	165 HR 14, auf Wunsch 185/70 HR 14 (ab 09/1981 auch 205/60 HR 15)	185/70 VR 15, auf Wunsch 205/55 VR 16
Abmessungen L x B x H mm	4212 x 1685 x 1270	
Radstand mm	2400	
Spurweite vorne/hinten mm	1418/1372	1418/1392
Wendekreis m	10,3	10,6
Leergewicht kg	1080 bis 1130	1180
Zul. Gesamtgewicht kg	1400	1500
Tankinhalt l	62 (ab 08/1979: 66)	66 (ab 09/1980: 84)
Höchstgeschwindigkeit km/h	200	225 bis 230
Beschleunigung 0–100 km/h in sec.	10,5 bis 9,5	7,8
Verbrauch l/100 km	10,5 bis 13	
Leistungsgewicht kg/PS	8,6 bis 9	7 bis 6,7
Sonstiges		
Produktionszeitraum	02/1976 bis 08/1985	09/1978 bis 08/1985
Produktionszahlen	121.510	12.427
Vorgängermodell	914/6	
Nachfolgemodell	924 S	
Preise in DM	(01/1976): 23.240 (02/1985): 34.650	(01/1979): 39.480

Porsche 924, 1976

Porsche 924 Turbo, 1979

Porsche 924 S, 1987

Porsche 924 S (1985 bis 1988)

Konkurrenzmodelle: Audi Quattro, Ford Sierra Cosworth, Toyota Supra

	924 S
Typ	2+2-Sitzer Coupé
Motor	OHC längs über der Vorderachse eingebaut, Wasserkühlung
Motortyp	(Audi) 047/8-9, M31/01-03
Zylinderzahl	4 Zylinder Reihe
Bohrung x Hub mm	100 x 78,9
Hubraum cm^3	2479
Verdichtung	9,7 : 1 (ab 09/1987: 10,2 : 1)
Leistung PS/kW bei U/min	150/110 bei 5800 (ab 09/1987: 160/118 bei 5900)
max. Drehmoment Nm bei U/min	190 bei 3000 (ab 09/1987: 210 bei 4500)
Gemischaufbereitung	Bosch L-Jetronic-Einspritzung
Lichtmaschine	12 V 1260 W
Antrieb	synchronisiertes Fünfganggetriebe, Knüppelschaltung, Heckantrieb per Transaxle-System, auf Wunsch 3-Gang-Automatik
Fahrwerk	selbsttragende Stahlkarosserie
Lenkung	Zahnstange 19,15 : 1
Radaufhängung vorne	Querlenker unten, McPherson-Federbeine, auf Wunsch: Stabilisator, bei Turbo-Serie: Stabilisator serienmäßig
Radaufhängung hinten	Schräglenker, Querfederstäbe, hydraulische Stoßdämpfer, auf Wunsch: Stabilisator, bei Turbo-Serie: Stabilisator serienmäßig
Bremsen	4 innenbelüftete Scheiben vorne 282,5, hinten 289 mm, Schwimmsättel
Räder	6 J x 15, auf Wunsch 6 J x 16
Reifen	195/65 VR 15, auf Wunsch 205/55 VR 16
Abmessungen L x B x H mm	4212 x 1685 x 1275
Radstand mm	2400
Spurweite vorne/hinten mm	1418/1392
Wendekreis m	10,6
Leergewicht kg	1210 bis 1240
Zul. Gesamtgewicht kg	1530 bis 1560
Tankinhalt l	66
Höchstgeschwindigkeit km/h	215 bis 220
Beschleunigung 0–100 km/h in sec.	8,5
Verbrauch l/100 km	10,5 bis 13
Leistungsgewicht kg/PS	8 bis 7,8
Sonstiges	
Produktionszeitraum	09/1985 bis 08/1988
Produktionszahlen	16.274
Vorgängermodell	924
Nachfolgemodell	–
Preise in DM	(08/1985): 41.950; (04/1988): 50.164

Porsche 928 (1977 bis 1995)

Mit dem 928 sollte Mitte der 1970er-Jahre der 911 abgelöst werden. Hierzu war man von allen bekannten Porsche-Merkmalen abgerückt: Ein vorne montierter wassergekühlter OHC-V8-Motor mit einem Hubraum von 4474 cm^3 und einer Leistung von 240 PS sollte über eine in einem starren Rohr laufende Welle die Kraft auf das an der Hinterachse sitzende Getriebe übertragen (»Transaxle-Antrieb«). Obwohl wesentlich luxuriöser ausgestattet (4 vollwertige Sitze, Servolenkung, Zentralverriegelung, elektrisch verstellbare Fenster, Sitze und Spiegel), wurden Türen, Motorhaube und vordere Kotflügel aus Aluminium hergestellt, um das Gewicht nicht zu sehr in die Höhe zu treiben (mit

4,5 Liter-V8-Motor des Porsche 928, 1977

Porsche 928, 1978

Porsche 928 S, 1980

PORSCHE
928S
S DU 8319

ca. 1,5 t wog der Wagen dennoch fast doppelt so viel wie ein VW Golf). Beim Fahrwerk hatte man mit Antidive (gegen Bremsnicken), Antisquat (gegen Einsacken des Hecks beim Anfahren), Doppelquerlenkern (hinten als so genannte »Weissach-Achse« mit Vorspur-Stabilisierung) die aktive Fahrsicherheit optimiert. Heraus kam ein schneller Reisewagen, doch das anvisierte Publikum wollte lieber in der (gar nicht mehr so sehr dröhnenden und schleudernden) röhrenden Heckschleuder 911 sportlich fahren. Die geplante Produktionszahl von jährlich 8000 Exemplaren wurde in guten Zeiten gerade zur Hälfte erreicht.

Zwei Jahre nach der Vorstellung des 928 kam der serienmäßig mit allem Luxus ausgestattete 928 S auf den Markt. Sein auf 4664 cm^3 aufgebohrter Motor leistete jetzt 300 PS. 1982 wurde die Basisversion bereits nach vier Jahren Bauzeit eingestellt; 1986 ereilte den gerade erst mit einem Fünfliter DOHC-Vierventil-Motor verfeinerten 928 S das gleiche Schicksal. Dafür wurde 1987 die überarbeitete Variante 928 S4 präsentiert. Die Karosserie wurde aerodynamisch verfeinert (Cw-Wert 0,34 statt 0,38) und der Motor in Leistung und besonders im Drehmoment optimiert, sodass jetzt eine Höchstgeschwindigkeit von 270 km/h erreicht werden konnte. Bei der im nächsten Jahr vorgestellten Clubsport-Variante sparte man (ohne Aufpreis!) durch Weglassen diverser Ausstattungsgüter (neben verschiedener Stellmotoren auch dem Unterbodenschutz) 130 kg Gewicht ein.

1989 setzte der 928 GT mit 330 PS und einem strafferen Fahrwerk die sportliche Note. Ab 1992 löste der mit einem auf 5,4 Liter vergrößerten Motor mit 350 PS ausgerüstete 928 GTS die S4- und GT-Version ab. Ab 1000 Umdrehungen standen immer mindestens 400 Nm Drehmoment zur Verfügung, sodass der 1,6-Tonner in nur 5,7 Sekunden auf 100 km/h beschleunigte. Mit den Werksferien 1995 ging die Geschichte von Porsches Luxus-Sportwagen nach 18 Jahren zu Ende. Insgesamt wurden von allen 928-Varianten 61.056 Einheiten produziert.

Porsche 928, 1978

Porsche 928 und 928S (1977 bis 1986)

Konkurrenzmodelle: Aston Martin Lagonda, BMW 635 CSI/M1, Jaguar XJS, Mercedes 500 SEC

	928	928S
Typ	2+2-Sitzer Coupé	
Motor	OHC längs über der Vorderachse eingebaut, Wasserkühlung	
Motortyp	28/01-09	M 28/11-21
Zylinderzahl	V8 – 90° Zylinderwinkel	
Bohrung x Hub mm	95 x 78,9	97 x 78,9
Hubraum cm^3	4474	4664
Verdichtung	8,5 : 1 (ab 09/1980: 10,0 : 1)	10,0 : 1
Leistung PS/kW bei U/min	240/177 bei 5500 (ab 09/1980 bei 5250)	300 bei 5900
max. Drehmoment Nm bei U/min	350 (ab 09/1980: 380) bei 3600	385 bei 4500
Gemischaufbereitung	Bosch K-Jetronic-Einspritzung	
Lichtmaschine	12 V 1260 W	
Antrieb	synchronisiertes Fünfganggetriebe, Knüppelschaltung, auf Wunsch 3- (ab 09/1984: 4-) Gang-Automatik, Heckantrieb per Transaxle-System, auf Wunsch Sperrdifferenzial	
Fahrwerk	selbsttragende Stahlkarosserie	
Lenkung	Zahnstange mit Servo 17,75 : 1	
Radaufhängung vorne	Doppelquerlenker, Schraubenfedern, Stabilisator	
Radaufhängung hinten	Querlenker unten, Längsschubstreben (Weissach-Achse), Schraubenfedern, Stabilisator	
Bremsen	4 innenbelüftete Scheiben vorne 282,5 mm, hinten 289 mm, Schwimmsättel	
Räder	7 J x 16, ab 09/1980: 7 J x 15	7 J x 16
Reifen	225/50 VR 16, ab 09/1980: 215/60 VR 15	225/50 VR 16
Abmessungen L x B x H mm	4447 x 1836 x 1313 (ab 09/1980: 1282)	
Radstand mm	2500	
Spurweite vorne/hinten mm	1552/1529	
Wendekreis m	11,5	
Leergewicht kg	1450 bis 1520	
Zul. Gesamtgewicht kg	1870	
Tankinhalt l	86	
Höchstgeschwindigkeit km/h	230	250
Beschleunigung 0–100 km/h in sec.	7,2	6,6
Verbrauch l/100 km	10 bis 18	10 bis 20
Leistungsgewicht kg/PS	6,1	4,8
Sonstiges		
Produktionszeitraum	09/1977 bis 08/1982	09/1979 bis 08/1986

	928	928S
Produktionszahlen	17.669	22.662
Vorgängermodell	–	
Nachfolgemodell	928 S4	
Preise in DM	(06/1977): 55.000 (01/1982): 64.900	(04/1980): 75.750 (08/1985): 109.000

Porsche 928 GTS, 1995

Porsche 928 S4 (Clubsport) und 928 GT (GTS) (1986 bis 1995)

Konkurrenzmodelle: BMW 850, Jaguar XJS, Maserati Shamal, Mercedes 500 SEC

	928 S4 (Clubsport)	928 GT (GTS)
Typ	2+2-Sitzer Coupé	
Motor	DOHC 4V längs über der Vorderachse eingebaut, Wasserkühlung	
Motortyp	M 28/41	M 28/47 (49)
Zylinderzahl	V8 – 90° Zylinderwinkel	
Bohrung x Hub mm	100 x 78,9 (GTS: 100 x 85,9)	
Hubraum cm^3	4957 (GTS: 5397)	

	928 S4 (Clubsport)	928 GT (GTS)
Verdichtung	10 : 1 (GTS: 10,4 : 1)	
Leistung PS/kW bei U/min	320/235 bei 6000	330/243 bei 6200 (350/257 bei 5700)
max. Drehmoment Nm bei U/min	430 bei 3000	430 bei 4100 (500 bei 4250)
Gemischaufbereitung	Bosch LH-Jetronic-Einspritzung	
Lichtmaschine	12 V 1610 W	
Antrieb	synchronisiertes Fünfganggetriebe, Knüppelschaltung, S4 und GTS auf Wunsch 4-Gang-Automatik, Heckantrieb per Transaxle-System, Sperrdifferenzial, S4 und GTS auf Wunsch mit 4-Gang-Automatik, GT ab 09/1990 und GTS mit Differenzialsperre	
Fahrwerk	selbsttragende Stahlkarosserie	
Lenkung	Zahnstange mit Servo 17,75 : 1	
Radaufhängung vorne	Doppelquerlenker, Schraubenfedern, Stabilisator	
Radaufhängung hinten	Querlenker unten, Längsschubstreben (Weissach-Achse), Schraubenfedern, Stabilisator	
Bremsen	4 innenbelüftete Scheiben vorne 304, hinten 299 mm (GTS vorne 322 mm), 4-Kolben-Festsättel	
Räder vorne – hinten	7J – 8J x 16 (8J – 9J x 16)	8J – 9J x 16, ab 09/1990: 7,5J – 9J x 16 (7,5J – 9J x 17)
Reifen vorne – hinten	225/50 VR (ZR) 16/245/45 VR (ZR) 16 (GTS: 225/45 ZR 17/255/40 ZR 17)	
Abmessungen L x B x H mm	4520 x 1836 x 1282 (GTS: 4520 x 1890 x 1282)	
Radstand mm	2500	
Spurweite vorne/hinten mm	1552/1546 (1561 x 1565)	1561 x 1565 (1551 x 1616)
Wendekreis m	11,5	
Leergewicht kg	1580 (1450)	1580 (1620)
Zul. Gesamtgewicht kg	1920 (GTS: 1960)	
Tankinhalt l	86	
Höchstgeschwindigkeit km/h	270	275
Beschleunigung 0–100 km/h in sec.	6 (5,7)	5,8 (5,7)
Verbrauch l/100 km	10 bis 18	10 bis 21
Leistungsgewicht kg/PS	4,9 (4,5)	4,8 (4,6)
Sonstiges		
Produktionszeitraum	09/1986 bis 08/1991 (09/1987 bis 08/1988)	04/1989 bis 08/1991 (09/1991 bis 08/1995)
Produktionszahlen	17.894 (S4, S4 CS, GT)	2831 (GTS)
Vorgängermodell	928	
Nachfolgemodell	–	
Preise in DM	S4 (06/1986): 119.500 (02/1991): 151.880	GT (04/1989): 137.900 GTS (07/1991): 156.050

Porsche 944 (1981 bis 1991)

Der 924 verkaufte sich zwar ziemlich gut, doch echte Porsche-Fans hatten ein Problem mit dem frisierten Audi-Motor. In Zuffenhausen war man 1981 der Meinung, zwischen den 924 und den 911 ein weiteres Modell stellen zu können, und so entsann man den 944 – mit einem echten Porsche-Motor. Dieses OHC-Aggregat hatte man vom V8 des 928 abgeleitet und mit zwei Ausgleichswellen versehen, um die Laufruhe zu verbessern. Beim Fahrwerk und Chassis wurde weitgehend auf 924-Komponenten zurückgegriffen, nur die Kotflügel wurden wuchtig ausgestellt. Für den ebenfalls bei Audi in Neckarsulm gebauten 944 mit einem Mehr von 500 cm^3 Hubraum und 35 PS musste ein etwa 30% höherer Preis als für den 924 bezahlt wer-

2,5 Liter-Vierzylinder-Motor des Porsche 944

Porsche 944, 1982

den – für viele Kunden kein Hinderungsgrund. Mit der Vorstellung des 944 fiel der in Leistung und Preis vergleichbare 924 Turbo aus dem Programm.
1985 wurde der 944 um eine Turbo-Version erweitert, die eine Mehrleistung von 53 PS versprach – egal, ob er mit einem Katalysator ausgerüstet war oder nicht. Ab 1987 kam der 944 S mit Vierventil-DOHC-Triebwerk auf den Markt, der bis auf den 190 PS leistenden Motor mit dem 944 identisch war. Der neue Zylinderkopf stammt wieder aus dem 928 (S4).
1988 erschien der auf 250 PS verstärkte 944 Turbo S, der serienmäßig mit einem Sperrdifferenzial und 16-Zoll-Rädern ausgerüstet war. Im folgenden Modelljahr wurde der Motor des 944-Grundmodells auf 2,7 Liter vergrößert, während der jetzt S2 genannte Vierventiler ein Dreiliter-Aggregat erhielt. Der Turbo behielt bis zum Produktionsende der 944-Reihe im Jahre 1991 den Zweiventil-OHC-Motor mit 2,5 Litern Hubraum. Insgesamt liefen in Neckarsulm in zehn Jahren 163.302 944er vom Band.

Porsche 944 und 944 S (S2) (1981 bis 1991)

Konkurrenzmodelle: Audi Quattro, Ford Sierra Cosworth, Toyota Supra

	944	944 S (S2)
Typ	2+2-Sitzer Coupé	
Motor	OHC längs über der Vorderachse eingebaut, Wasserkühlung, ab 09/1986: DOHC 4V	
Motortyp	M44/01-M44/05	M44/40-41
Zylinderzahl	4 Zylinder Reihe	
Bohrung x Hub mm	100 x 78,9 – ab 09/1988: 104 x 78,9 (104 x 88)	
Hubraum cm^3	2479 – ab 09/1998: 2681 (2990)	
Verdichtung	10,6 : 1 – ab 09/1986: 10,9 : 1	
Leistung PS/kW bei U/min	163/120 bei 5800	190/140 bei 6000 (211/155 bei 5800)
max. Drehmoment Nm bei U/min	205 bei 3000	230 bei 4800 (280 bei 4000)
Gemischaufbereitung	Bosch L-Jetronic-Einspritzung	
Lichtmaschine	12 V 1260, ab 09/1986: 1610 W	
Antrieb	synchronisiertes Fünfganggetriebe, 944 auf Wunsch 3-Gang-Automatik, Knüppelschaltung, Heckantrieb per Transaxle-System, auf Wunsch Sperrdifferenzial	
Fahrwerk	selbsttragende Stahlkarosserie	
Lenkung	Zahnstange 22,39 : 1	
Radaufhängung vorne	Querlenker unten, McPherson-Federbeine, Schraubenfedern, Stabilisator	
Radaufhängung hinten	Schräglenker, Querfederstäbe, hydraulische Stoßdämpfer, Stabilisator	
Bremsen	4 innenbelüftete Scheiben vorne 282,5, hinten 289 mm (298/299 mm), Schwimmsättel, ab 09/1994 auf Wunsch ABS – ab 1990 Serie	
Räder vorne – hinten	7J x 15, auf Wunsch 7J x 16	7J x 15 oder 7J – 8J x 16
Reifen vorne – hinten	185/70 VR 15, auf Wunsch 205/55 VR 16 oder 195/70 VR 15, auf Wunsch 205/55 VR 16	195/65 VR 15 oder 205/55 VR 16 – 225/50 x 16 (205/55 VR 16 – 225/50 x 16)

	944	944 S (S2)
Abmessungen L x B x H mm	4200 x 1735 x 1275 (4230 x 1735 x 1275)	
Radstand mm	2400	
Spurweite vorne/hinten mm	1477/1451	
Wendekreis m	11	
Leergewicht kg	1180 bis 1260	1280 (1340 bis 1390)
Zul. Gesamtgewicht kg	1500 bis 1560	1600 (1650 bis 1710)
Tankinhalt l	66, ab 01/1985: 80	
Höchstgeschwindigkeit km/h	220	228 (240)
Beschleunigung 0–100 km/h in sec.	8,4	7,9 (7,1)
Verbrauch l/100 km	11 bis 15	
Leistungsgewicht kg/PS	7,4	6,8 (6,4)
Sonstiges		
Produktionszeitraum	09/1981 bis 08/1988	09/1986 bis 08/1988 (09/1988 bis 08/1991)
Produktionszahlen	115.926	7324 (16.332)
Vorgängermodell	924	924 S
Nachfolgemodell	968	968 CS
Preise in DM	944 (08/1981): 38.900 (08/1988): 61.900	944 S (08/1986): 58.950 S2 (08/1988) Coupé: 73.600 Cabrio: 84.900

Porsche 944 S, 1987

Porsche 944 Turbo, 1989

Porsche 944 Turbo und Turbo S (1985 bis 1991)

Konkurrenzmodelle: Audi Quattro, Ford Sierra Cosworth, Toyota Supra

	944 Turbo	944 Turbo S
Typ	2+2-Sitzer Coupé	
Motor	OHC längs über der Vorderachse eingebaut, Wasserkühlung	
Motortyp	M44/51	M44/52
Zylinderzahl	4 Zylinder Reihe	
Bohrung x Hub mm	100 x 78,9	
Hubraum cm^3	2479	
Verdichtung	8,0 : 1	
Leistung PS/kW bei U/min	220/162 bei 5800	250/184 bei 6000
max. Drehmoment bei U/min	330 Nm bei 3500 /350 bei 4000	
Gemischaufbereitung	Bosch L-Jetronic-Einspritzung, Turbolader mit Ladeluftkühler	
Lichtmaschine	12 V 1610 W	
Antrieb	synchronisiertes Fünfganggetriebe, Knüppelschaltung, Heckantrieb per Transaxle-System, auf Wunsch Sperrdifferenzial	
Fahrwerk	selbsttragende Stahlkarosserie	
Lenkung	Zahnstange 22,39 : 1 mit Servounterstützung	
Radaufhängung vorne	Querlenker unten, McPherson-Federbeine, Schraubenfedern, Stabilisator	
Radaufhängung hinten	Schräglenker, Querfederstäbe, hydraulische Stoßdämpfer, Stabilisator	
Bremsen	4 innenbelüftete Scheiben vorne 298, hinten 299 mm	304/399 mm, 4-Kolben-Festsättel

	944 Turbo	944 Turbo S
Räder vorne – hinten	7J – 8J x 16	7J – 9J x 16
Reifen vorne – hinten	205/55 VR 16 – 225/50 VR 16	225/50 VR 16 – 245/45 VR 16
Abmessungen L x B x H mm	4230 x 1735 x 1275	
Radstand mm	2400	
Spurweite vorne/hinten mm	1477/1451	
Wendekreis m	11	
Leergewicht kg	1280 bis 1350	1400
Zul. Gesamtgewicht kg	1600 bis 1670	1740
Tankinhalt l	80	
Höchstgeschwindigkeit km/h	245	260
Beschleunigung 0–100 km/h in sec.	6,3	5,9
Verbrauch l/100 km	9 bis 13	8 bis 14
Leistungsgewicht kg/PS	5,8	5,6
Sonstiges		
Produktionszeitraum	01/1985 bis 08/1988	09/1987 bis 08/1988
Produktionszahlen	14.627	1635
Vorgängermodell	924 turbo	
Nachfolgemodell	968 S (2.7)	
Preise in DM	Turbo Coupé (02/1985): 72.500 (02/1991): 97.175 Turbo Cabrio (08/1990): 103.725	Turbo S Coupé (07/1987): 99.800

Porsche 944

Porsche 968 (1991 bis 1995)

Bislang hatte sich in Zuffenhausen eine Baureihen-Bezeichnung immer auch über größere Modifikationen gerettet. Nicht so beim 968, der 1991 deutlich als modifizierter 944 S2 zu erkennen war. Karosserie und Motor stammten weitgehend vom 944, nur bei der Frontgestaltung erinnerten die offenen Klappscheinwerfer an eine Kreuzung aus 911 und 928. Von Beginn an war der 968 auch als Cabrio lieferbar. 1993 kamen zusätzlich zunächst eine CS- (Clubsport) und dann eine Turbo-Variante des Coupés ins Programm. Letzterer war mit seinem Dreiliter-Zweiventilmotor der mit 280 km/h seinerzeit schnellste Wagen im Porsche-Programm. Aber auch die lediglich 14 gebauten Exemplare retteten den letzten Vierzylinder-Porsche nicht davor, bereits nach vier Jahren und nur 11.245 Einheiten wieder aus den Listen zu verschwinden.

Porsche 968 Cabrio, 1992

Porsche 968 und 968 CS (1991 bis 1995)

Konkurrenzmodelle: Chevrolet Corvette, Renault Alpine A 310 Turbo, Toyota Supra

	968	968 CS
Typ	2+2-Sitzer Coupé, Cabrio	Coupé
Motor	DOHC 4V, verstellbare Einlassnockenwelle, längs über der Vorderachse eingebaut, Wasserkühlung	
Motortyp	M44/43	
Zylinderzahl	4 Zylinder Reihe	
Bohrung x Hub mm	104 x 88	

	968	968 CS
Hubraum cm³	2990	
Verdichtung	11,0 : 1	
Leistung PS/kW bei U/min	240/176 bei 6200	
max. Drehmoment Nm bei U/min	305 bei 4100	
Gemischaufbereitung	Bosch DME-Einspritzung	
Lichtmaschine	12 V 1610 W	
Antrieb	synchronisiertes Sechsganggetriebe, 968 auf Wunsch 4-Gang-Tiptronic, Knüppelschaltung, Heckantrieb per Transaxle-System, auf Wunsch Sperrdifferenzial	
Fahrwerk	selbsttragende Stahlkarosserie	
Lenkung	Zahnstange mit Servounterstützung	
Radaufhängung vorne	Querlenker unten, McPherson-Federbeine, Schraubenfedern, Stabilisator	
Radaufhängung hinten	Schräglenker, Querfederstäbe, hydraulische Stoßdämpfer, Stabilisator	
Bremsen	4 innenbelüftete Scheiben 298/299 mm	304/299 mm, 4-Kolben-Festsättel, ABS
Räder vorne – hinten	7J – 8J x 16	7,5J – 9J x 17
Reifen vorne – hinten	205/55 ZR 16 – 225/50 ZR 16	225/45 ZR 17 – 255/40 ZR 17
Abmessungen L x B x H mm	4320 x 1735 x 1275	
Radstand mm	2400	
Spurweite vorne/hinten mm	1477/1451	1457/1445
Wendekreis m	11	
Leergewicht kg	1370 (Cabrio: 1440)	1320
Zul. Gesamtgewicht kg	1700 bis 1730 (Cabrio: 1760 bis 1790)	1570
Tankinhalt l	74	
Höchstgeschwindigkeit km/h	252	
Beschleunigung 0–100 km/h in sec.	6,5	
Verbrauch l/100 km	8 bis 15	
Leistungsgewicht kg/PS	5,7	5,5
Sonstiges		
Produktionszeitraum	07/1991 bis 08/1995	01/1993 bis 08/1995
Produktionszahlen	Coupé: 5731, Cabrio: 3959	1538
Vorgängermodell	944 S2	
Nachfolgemodell	–	
Preise in DM	Coupé (07/1991): 89.800 Cabrio (07/1991): 99.800	CS Coupé (01/1993): 77.500 Turbo S Coupé (09/1993): 175.000

Porsche Cayenne (ab 2002)

Dem rapide wachsenden Markt der Sport Utility Vehicles (SUV) wollte Porsche gemeinsam mit VW mit dem ersten wirklich geländegängigen Fahrzeug dieser Klasse begegnen. Das seit 2002 auf einer gemeinsam im slowakischen Bratislava gebauten (selbsttragenden) Karosserie basierende Fahrzeug hörte bei VW auf den Namen Touareg und bei Porsche auf Cayenne. Die Front des Cayenne war in der typischen Porsche-Optik gehalten. Angetrieben wurde er zunächst mit einem 4,5 Liter-V8, den es entweder als Sauger mit 340 oder als Bi-Turbo mit 450 PS gab (VW verwendete eigene V6- und V8-Benzin-Motoren sowie einen Fünfzylinder- und einen V10-Turbodieselmotor). Wie alle Porsche-Motoren war auch dieses Aggregat mit einer integrier-

V8-Motor des Porsche Cayenne Turbo

Porsche Cayenne, 2003

ten Trockensumpfschmierung ausgerüstet, um in diesem Fall auch an extremen Neigungswinkeln eine konstante Schmierung sicherzustellen. Zunächst waren alle Wagen ausschließlich mit einer Sechsgang-Tiptronic ausgerüstet, erst später kam ein manuelles Sechsganggetriebe hinzu. Über einen permanenten Allradantrieb mit elektronischer Längs-Sperre, Anti-Schlupf-Regelung und automatischem Bremsen-Differenzial wurde die Kraft den Ansprüchen entsprechend verteilt. Am Boden gehalten wurden die Räder vorne mit Doppelquer-, hinten mit Mehrlenkerachsen. Der Cayenne S war auf Sonderwunsch, der Turbo serienmäßig mit einer Luftfederung ausgerüstet, die eine Niveauregulierung und Höhenverstellung von fast zehn Zentimetern beinhaltete. Das Fahrwerk musste nicht nur im Gelände ausreichend Traktion, sondern auch auf der Straße absolute Sicherheit bieten – der Turbo schaffte ein Maximal-Tempo von 266 km/h!

Ab Herbst 2003 wurde auch ein Einstiegs-Cayenne bereitgestellt, der einen von Porsche verfeinerten 3,2 Liter VR6-Motor von Volkswagen besaß (Steigerung um 30 auf 250 PS) und fast ein Viertel preiswerter war als die S-Version. Auch dieser Wagen war auf Wunsch mit Luftfederung lieferbar.

Porsche Cayenne, 2003

Porsche Cayenne Turbo, 2003

Porsche Cayenne, 2003

Porsche Cayenne, 2003

Porsche Cayenne, 2003

Porsche Cayenne, Cayenne S und Cayenne Turbo (seit 2002)

Konkurrenzmodelle: BMW X5, Jeep Grand Cherokee, Land Rover Range Rover, Mercedes ML, VW Touareg

	Cayenne	Cayenne S	Cayenne Turbo
Typ	5-Sitzer Kombi		
Motor	VR6 oder V8, DOHC, 4 Ventile mit variabler Nockenwellenverstellung, längs über der Vorderachse eingebaut, Wasserkühlung		
Motortyp	BDF	M48/00	M48/50 (mit Bi-Turbo und Ladeluftkühler)
Zylinderzahl	V6 (15° Zylinderwinkel)	V8 (90° Zylinderwinkel)	V8
Bohrung x Hub mm	84 x 95,9	93 x 83	93 x 83
Hubraum cm^3	3189	4511	4511
Verdichtung	11,5 : 1	11,5 : 1	9,5 : 1
Leistung PS/kW bei U/min	250/184	340/250	450/331 bei 6000
max. Drehmoment Nm bei U/min	310 bei 2400-5500	420 bei 2500-5500	620 bei 2250-4750
Gemischaufbereitung	Bosch DME, Motronic 7.1.1 Einspritzung		
Lichtmaschine	12 V 2660 W		
Antrieb	6-Gang-Tiptronic, Cayenne und S auf Wunsch mit synchronisiertem Sechsganggetriebe, Knüppelschaltung, permanenter Allradantrieb (38 % vorne/62 % hinten), elektronische Längssperre, Reduktionsgetriebe, ASR		
Fahrwerk	selbsttragende Stahlkarosserie		
Lenkung	Zahnstange mit Servo		
Radaufhängung vorne	Doppel-Dreieckquerlenker, Schraubenfedern, Stabilisator, auf Wunsch (Turbo-Serie) elektronisch regulierte Luftfederung		
Radaufhängung hinten	Mehrlenker, Schraubenfedern, Stabilisator, auf Wunsch (Turbo-Serie) elektronisch regulierte Luftfederung		
Bremsen	4 innenbelüftete Scheiben 330/330 mm	350/330	350/330 mm, vorne 6-, hinten 4-Kolben-Festsättel, ABS, automatisches Bremsendifferenzial ABD
Räder	7,5J x 17	8J x 18	8J x 18 (auf Wunsch auch 9J x 19 oder 9J x 20)
Reifen	235/65 R 17	255/55 R 18	255/55 R 18 (auf Wunsch auch 275/45 R 19 oder 275/40 R 20)

	Cayenne	Cayenne S	Cayenne Turbo
Abmessungen L x B x H mm		4782 x 1928 x 1699	
Radstand mm		2855	
Spurweite vorne/hinten mm	1641-1655/1656-1670	1641-1647/1656-1662	1641-1647/1656-1662
Wendekreis m		11,6	
Leergewicht kg	2160	2225	2355
Zul. Gesamtgewicht kg	2945	3060	3080
Tankinhalt l		100	
Höchstgeschwindigkeit km/h	214	242	266
Beschleunigung 0–100 km/h in sec.	9,1	6,8	5,6
Verbrauch l/100 km	11 bis 18	12 bis 23	12 bis 22
Leistungsgewicht kg/PS	8,65	6,6	5,25
Sonstiges			
Produktionszeitraum	seit 09/2003	seit 09/2002	seit 09/2002
Produktionszahlen		laufende Produktion	
Vorgängermodell		–	
Nachfolgemodell		–	
Preise in Euro (08/2003)	47.592	60.352	100.024

Porsche Cayenne 2003

Porsche Cayenne 2003

Porsche Cayenne 2003